중학 수학
내신 대비
기출문제집

1-1 기말고사

Structure

구성 및 특징

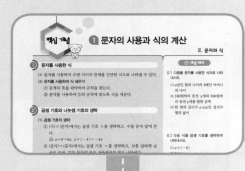

핵심 개념 + 개념 체크
체계적으로 정리된 교과서 개념을 통해 학습한 내용을 복습하고, 개념 체크 문제를 통해 자신의 실력을 점검할 수 있습니다.

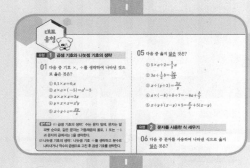

대표 유형 학습
중단원별 출제 빈도가 높은 대표 유형을 선별하여 유형별 유제와 함께 제시하였습니다.
대표 유형별 풀이 전략을 함께 파악하며 문제 해결 능력을 기를 수 있습니다.

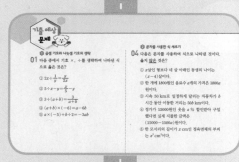

기출 예상 문제
학교 시험을 분석하여 기출 예상 문제를 구성하였습니다. 학교 선생님이 직접 출제하신 적중률 높은 문제들로 대표 유형을 복습할 수 있습니다.

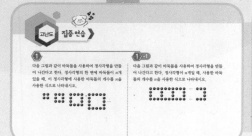

고난도 집중 연습
중단원별 틀리기 쉬운 유형을 선별하여 구성하였습니다. 쌍둥이 문제를 다시 한 번 풀어보며 고난도 문제에 대한 자신감을 키울 수 있습니다.

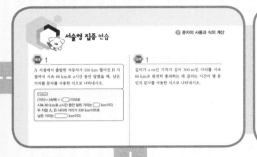

서술형 집중 연습

서술형으로 자주 출제되는 문제를 제시하였습니다. 예제의 빈칸을 채우며 풀이 과정을 서술하는 방법을 연습하고, 유제와 해설의 채점 기준표를 통해 서술형 문제에 완벽하게 대비할 수 있습니다.

중단원 실전 테스트(2회)

고난도와 서술형 문제를 포함한 실전 형식 테스트를 2회 구성했습니다. 중단원 학습을 마무리하며 자신이 보완해야 할 부분을 파악할 수 있습니다.

부록

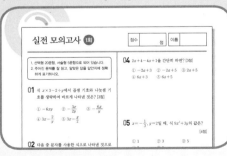

실전 모의고사(3회)

실제 학교 시험과 동일한 형식으로 구성한 3회분의 모의고사를 통해, 충분한 실전 연습으로 시험에 대비할 수 있습니다.

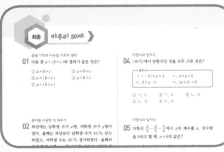

최종 마무리 50제

시험 직전, 최종 실력 점검을 위해 50문제를 선별했습니다. 유형별 문항으로 부족한 개념을 바로 확인하고 학교 시험 준비를 완벽하게 마무리할 수 있습니다.

Contents

이 책의 차례

Ⅲ. 문자와 식
1. 문자의 사용과 식의 계산 ·· 6
2. 일차방정식 ·· 26

Ⅳ. 좌표평면과 그래프
1. 순서쌍과 좌표 ·· 48
2. 정비례와 반비례 ·· 68

부록
실전 모의고사(3회) ·· 92
최종 마무리 50제 ·· 104

1-1 중간

Ⅰ. **소인수분해**

1. 소인수분해
2. 최대공약수와 최소공배수

Ⅱ. **정수와 유리수**

1. 정수와 유리수
2. 정수와 유리수의 계산

Ⅲ. **문자와 식**

1. 문자의 사용과 식의 계산

학습 계획표  매일 일정한 분량을 계획적으로 학습하고, 공부한 후 '학습한 날짜'를 기록하며 체크해 보세요.

	대표 유형 학습	기출 예상 문제	고난도 집중 연습	서술형 집중 연습	중단원 실전 테스트 1회	중단원 실전 테스트 2회
문자의 사용과 식의 계산	/	/	/	/	/	/
일차방정식	/	/	/	/	/	/
순서쌍과 좌표	/	/	/	/	/	/
정비례와 반비례	/	/	/	/	/	/

부록	실전 모의고사 1회	실전 모의고사 2회	실전 모의고사 3회	최종 마무리 50제
	/	/	/	/

EBS 중학 수학 내신 대비 기출문제집

Ⅲ. 문자와 식

1

문자의 사용과 식의 계산

1 곱셈 기호와 나눗셈 기호의 생략

2 문자를 사용한 식 세우기

3 식의 값 구하기

4 다항식과 일차식

5 일차식과 수의 곱셈과 나눗셈

6 일차식의 덧셈과 뺄셈

1 문자의 사용과 식의 계산

1 문자를 사용한 식

(1) 문자를 사용하여 수량 사이의 관계를 간단한 식으로 나타낼 수 있다.

(2) **문자를 사용하여 식 세우기**
  ① 문제의 뜻을 파악하여 규칙을 찾는다.
  ② 문자를 사용하여 ①의 규칙에 맞도록 식을 세운다.

2 곱셈 기호와 나눗셈 기호의 생략

(1) **곱셈 기호의 생략**
  ① (수)×(문자)에서는 곱셈 기호 ×를 생략하고, 수를 문자 앞에 쓴다.
  예 $a \times 6 = 6a$, $x \times (-4) = -4x$
  ② (문자)×(문자)에서는 곱셈 기호 ×를 생략하고, 보통 알파벳 순서로 쓰며, 같은 문자의 곱은 거듭제곱의 꼴로 나타낸다.
  예 $x \times x \times b \times a = abx^2$
  ③ $1 \times$(문자), $(-1) \times$(문자)에서는 1을 생략한다.
  예 $x \times y \times 1 = xy$, $(-1) \times c = -c$
  ④ 괄호가 있는 식과 수의 곱셈에서는 곱셈 기호 ×를 생략하고 수를 괄호 앞에 쓴다.
  예 $(x+y) \times 3 = 3(x+y)$

(2) **나눗셈 기호의 생략**
  ① 나눗셈 기호 ÷를 생략하고 분수의 꼴로 나타낸다.
  ② 나눗셈을 역수의 곱셈으로 고친 후 곱셈 기호를 생략한다.
  예 $a \div 5 = \dfrac{a}{5}$ 또는 $a \div 5 = a \times \dfrac{1}{5} = \dfrac{1}{5}a$

3 식의 값

(1) **대입**: 문자가 포함된 식에서 문자를 어떤 수로 바꾸어 넣는 것

(2) **식의 값**: 문자가 포함된 식에서 문자에 어떤 수를 대입하여 계산한 결과

(3) **식의 값을 구하는 방법**
  ① 주어진 식에서 생략된 곱셈 기호 ×를 다시 쓴다.
  ② 분모에 분수를 대입할 때는 나눗셈 기호 ÷를 다시 쓴다.
  ③ 문자에 주어진 수를 대입하여 계산한다. 이때 문자에 음수를 대입할 때는 반드시 괄호를 사용한다.
  예 $a = -2$일 때, $5a+2$의 값 ➡ $5 \times (-2) + 2 = -10 + 2 = -8$
  $a = \dfrac{1}{2}$일 때, $\dfrac{6}{a}$의 값 ➡ $\dfrac{6}{a} = 6 \div a = 6 \div \dfrac{1}{2} = 6 \times 2 = 12$

✅ 개념 체크

01 다음을 문자를 사용한 식으로 나타내시오.

(1) a살인 딸의 나이의 3배인 어머니의 나이
(2) 100원짜리 동전 x개와 500원짜리 동전 y개를 합한 금액
(3) 한 변의 길이가 a cm인 정사각형의 넓이

02 다음 식을 곱셈 기호를 생략하여 나타내시오.

(1) $a \times (-6)$
(2) $0.1 \times x$
(3) $(x-y) \times (-1)$
(4) $x \times x \times y \times x$
(5) $(-2) \times a + b \times 7$

03 다음 식을 나눗셈 기호를 생략하여 나타내시오.

(1) $a \div (-5)$
(2) $a + b \div 3$
(3) $(x+y) \div 4$
(4) $x \div 2 - 6 \div y$

04 a의 값이 다음과 같을 때, 식 $2a-3$의 값을 구하시오.

(1) $a = 3$
(2) $a = 0$
(3) $a = -2$

05 $x = -2$, $y = 5$일 때, 다음 식의 값을 구하시오.

(1) $2x + y$
(2) $x^2 - y$

4 다항식과 일차식

(1) **항**: $2x+6$에서 $2x$, 6과 같이 수 또는 문자의 곱으로 이루어진 식

(2) **상수항**: $2x+6$에서 6과 같이 문자 없이 수로만 이루어진 항

(3) **계수**: 수와 문자의 곱으로 이루어진 항에서 문자 앞에 곱해진 수
   예 $2x$에서 x의 계수는 2, $-a$에서 a의 계수는 -1이다.

(4) **다항식**: $-3x$, $6x+1$과 같이 하나의 항 또는 둘 이상의 항의 합으로 이루어진 식

(5) **단항식**: $-3x$와 같이 다항식 중에서 하나의 항으로만 이루어진 식

(6) **항의 차수**: 항에서 문자가 곱해진 개수
   예 $5x^2$의 차수는 2, $-b^3$의 차수는 3이다.

(7) **다항식의 차수**: 다항식에서 차수가 가장 큰 항의 차수
   예 다항식 $3x^2-6x+1$의 차수는 2이다.

(8) **일차식**: 차수가 1인 다항식
   예 $-x+2$, $\dfrac{1}{5}y$

5 일차식과 수의 곱셈과 나눗셈

(1) **단항식과 수의 곱셈과 나눗셈**
   ① (단항식)×(수): 수끼리 곱하여 문자 앞에 쓴다.
   ② (단항식)÷(수): 나누는 수의 역수를 곱한다.

(2) **일차식과 수의 곱셈과 나눗셈**
   ① (수)×(일차식): 분배법칙을 이용하여 일차식의 각 항에 수를 곱하여 계산한다.
   예 $2(3x-4)=2\times 3x+2\times(-4)=6x-8$
   ② (일차식)÷(수): 나누는 수의 역수를 일차식의 각 항에 곱한다.
   예 $(8x-4)\div 4=(8x-4)\times\dfrac{1}{4}=8x\times\dfrac{1}{4}+(-4)\times\dfrac{1}{4}=2x-1$

6 일차식의 덧셈과 뺄셈

(1) **동류항**: 문자와 차수가 각각 같은 항
   예 $5x-1-x+3$에서 $5x$와 $-x$, -1과 3은 각각 동류항이다.

(2) **동류항의 계산**: 동류항끼리 모은 다음 분배법칙을 이용하여 간단히 한다.
   예 $5x+4x=(5+4)x=9x$, $6a-4a=(6-4)a=2a$

(3) **일차식의 덧셈과 뺄셈**: 괄호가 있으면 분배법칙을 이용하여 괄호를 풀고 동류항끼리 모아서 계산한다.
   예 $(3x+2)-(x-4)=3x+2-x+4=(3-1)x+(2+4)=2x+6$
   $(a-5)+2(-a+3)=a-5-2a+6=(1-2)a+(-5+6)$
   $=-a+1$

✓ 개념 체크

06 식 x^2-4x-3에 대하여 다음 □ 안에 알맞은 것을 써넣으시오.

(1) 항은 □, □, □이며 항의 개수는 □이다.

(2) 각 항 중에서 가장 높은 차수는 □이므로 이 다항식의 차수는 □이다.

(3) x^2의 계수는 □이고, x의 계수는 □이다.

(4) 상수항은 □이다.

07 다음 중 일차식인 것은 ○표를, 일차식이 아닌 것은 ×표를 ( ) 안에 써넣으시오.

(1) a ( )

(2) $b-1$ ( )

(3) $0\times x-2$ ( )

(4) $\dfrac{y}{2}+1$ ( )

(5) $\dfrac{1}{x}$ ( )

(6) a^2-1 ( )

08 다음 식을 간단히 하시오.

(1) $-2a\times 4$

(2) $2\times(3b+2)$

(3) $-18x\div 6$

(4) $(9y-15)\div 3$

09 다음 식을 간단히 하시오.

(1) $15a-20a$

(2) $3x-\dfrac{3}{2}x$

(3) $3x-5x+4x$

10 다음 식을 간단히 하시오.

(1) $(3a+1)+(2a-7)$

(2) $(6x-5)-(8x-1)$

유형 1 곱셈 기호와 나눗셈 기호의 생략

01 다음 중 기호 $\times$, $\div$를 생략하여 나타낸 것으로 옳은 것은?

① $0.1 \times x = 0.x$

② $a \times a \times (-5) = a^2 - 5$

③ $x \times x \times x = 3x$

④ $y \times x \times x = x^2 y$

⑤ $x \div y \div z = \dfrac{xy}{z}$

풀이 전략 (1) 곱셈 기호의 생략: 수는 문자 앞에, 문자는 알파벳 순으로, 같은 문자는 거듭제곱의 꼴로, 1 또는 -1과 문자의 곱에서는 1을 생략한다.

(2) 나눗셈 기호의 생략: 나눗셈 기호 $\div$를 생략하고 분수로 나타내거나 역수의 곱셈으로 고친 후 곱셈 기호를 생략한다.

02 다음 중 $3x$와 같은 식을 모두 고르면?

(정답 2개)

① $3 \div x$ 　② $x \div 3$ 　③ $x \times 3$

④ $3 \times x$ 　⑤ $x \times x \times x$

03 다음 식을 기호 $\times$, $\div$를 생략하여 나타내면?

$$a \div b \times 4$$

① $4ab$ 　② $a + 4b$ 　③ $\dfrac{b}{4a}$

④ $\dfrac{a}{4b}$ 　⑤ $\dfrac{4a}{b}$

04 $(a-b) \div c \times (-2)$를 기호 $\times$, $\div$를 생략하여 나타내시오.

05 다음 중 옳지 <u>않은</u> 것은?

① $5 \times a \div 2 = \dfrac{5}{2}a$

② $3a \div \dfrac{1}{2}b = \dfrac{3a}{2b}$

③ $x \div (y \div 3) = \dfrac{3x}{y}$

④ $a \times (-8) + b \div 7 = -8a + \dfrac{b}{7}$

⑤ $x \div y + (x-y) \times 5 = \dfrac{x}{y} + 5(x-y)$

유형 2 문자를 사용한 식 세우기

06 다음 중 문자를 사용하여 나타낸 식으로 옳지 <u>않은</u> 것은?

① 두 번의 형성평가에서 각각 a점, b점을 받았을 때, 평균 점수는 $\dfrac{a+b}{2}$점이다.

② 10자루에 a원 하는 볼펜 한 자루의 가격은 $\dfrac{a}{10}$원이다.

③ 한 변의 길이가 x cm인 정삼각형의 둘레의 길이는 $3x$ cm이다.

④ 십의 자리의 숫자가 a, 일의 자리의 숫자가 b인 두 자리의 자연수는 ab이다.

⑤ 시속 30 km로 t시간 동안 달린 거리는 $30t$ km이다.

풀이 전략 (1) 문제의 뜻을 파악하여 규칙을 찾는다.

(2) 문자를 사용하여 (1)의 규칙에 맞도록 식을 세운다.

(3) 곱셈 기호와 나눗셈 기호를 생략하여 나타낸다.

07 진희는 5권에 x원인 공책 3권과 3자루에 y원인 연필 2자루를 샀다. 진희가 지불해야 할 총금액을 문자를 사용한 식으로 나타내면?

① $\left(\dfrac{1}{5}x + \dfrac{1}{3}y \right)$원 　② $\left(\dfrac{1}{3}x + \dfrac{1}{2}y \right)$원

③ $\left(\dfrac{3}{2}x + \dfrac{5}{3}y \right)$원 　④ $\left(\dfrac{3}{5}x + \dfrac{2}{3}y \right)$원

⑤ $\left(\dfrac{5}{3}x + \dfrac{3}{2}y \right)$원

08 윤희는 한 개에 x원인 아이스크림을 10 % 할인된 가격으로 3개를 사고, 한 개에 y원인 음료수를 20 % 할인된 가격으로 5개를 샀다. 윤희가 지불해야 할 총금액은?

① $(2.7x+4y)$원   ② $(3x+5y)$원

③ $(0.3x+0.5y)$원   ④ $(0.1x+0.8y)$원

⑤ $(0.9x+0.2y)$원

09 다음 중 옳지 <u>않은</u> 것은?

① 12자루에 y원인 볼펜 한 자루의 가격은 $\dfrac{12}{y}$원이다.

② a살인 동생보다 네 살 많은 오빠의 나이는 $(a+4)$살이다.

③ 100점 만점의 시험에서 3점짜리 문제 x개를 틀렸을 때 얻은 점수는 $(100-3x)$점이다.

④ 수학 성적이 x점, 영어 성적이 y점일 때, 두 과목 성적의 평균 점수는 $\dfrac{x+y}{2}$점이다.

⑤ 100원짜리 사탕 x개와 500원짜리 과자 y개의 가격은 $(100x+500y)$원이다.

10 거리가 4 km 떨어진 두 지점 사이를 왕복하는 데 갈 때는 자전거를 타고 시속 a km로 가고, 올 때는 걸어서 시속 b km로 왔다. 왕복하는 데 걸린 시간을 문자를 사용하여 나타내시오.

유형 3 **식의 값 구하기**

11 0.2의 역수를 a, $-1\dfrac{3}{5}$의 역수를 b라고 할 때, $\dfrac{a}{2}+4b$의 값은?

① -5 ② $-\dfrac{5}{2}$ ③ 0

④ $\dfrac{5}{2}$ ⑤ 5

> **풀이 전략** 문자에 수를 대입할 때에는 생략된 곱셈, 나눗셈 기호를 다시 쓰고, 음수를 대입할 때에는 반드시 괄호를 사용한다.

12 $x=-2$일 때, 다음 중 식의 값이 가장 큰 것은?

① $-x^3$ ② $5x+6$ ③ $3x-1$

④ x^2 ⑤ $-3x$

13 $a=-2$, $b=3$일 때, $3ab-a^2$의 값은?

① -22 ② -20 ③ -18

④ 18 ⑤ 22

14 기온이 t ℃일 때, 공기 중에서 소리의 속력은 초속 $(331+0.6t)$ m라고 한다. 기온이 20 ℃일 때, 번개가 치고 4초 후에 천둥소리를 들었다. 번개가 친 곳까지의 거리는 몇 m인지 구하시오.

유형 4 다항식과 일차식

15 〈보기〉 중 다항식 $-\dfrac{x}{2}-3y+1$에 대한 설명으로 옳은 것을 모두 고른 것은?

┤ 보기 ├
ㄱ. x의 계수는 -2이다.
ㄴ. y의 계수와 상수항의 합은 -2이다.
ㄷ. 항은 3개이다.

① ㄴ   ② ㄷ   ③ ㄱ, ㄷ
④ ㄴ, ㄷ   ⑤ ㄱ, ㄴ, ㄷ

풀이 전략 다항식 $2a^2-4a+3$에 대하여
(1) 항: $2a^2$, $-4a$, 3
(2) 다항식의 차수: 2
(3) a^2의 계수: 2, a의 계수: -4, 상수항: 3

16 다음 중 다항식 $-x^2+4x-6$에 대한 설명으로 옳지 <u>않은</u> 것은?

① 다항식의 차수는 2이다.
② 항은 3개이다.
③ 상수항은 6이다.
④ x의 계수는 4이다.
⑤ x^2의 계수는 -1이다.

17 〈보기〉에서 일차식은 모두 몇 개인지 구하시오.

┤ 보기 ├
ㄱ. $5-2x$ ㄴ. $-2x^2+3x$
ㄷ. $\dfrac{x}{2}-1$ ㄹ. $6x$
ㅁ. $\dfrac{4}{x}+3$ ㅂ. x^2-2x+1

유형 5 일차식과 수의 곱셈과 나눗셈

18 $(-9x+6)\div\left(-\dfrac{3}{4}\right)$을 계산했을 때, x의 계수와 상수항의 합은?

① -8 ② -4 ③ 0
④ 4 ⑤ 8

풀이 전략 (1) (수)×(일차식): 분배법칙을 이용한다.
(2) (일차식)÷(수): 역수의 곱셈으로 바꾼다.

19 $-2(3x-5)$를 계산하면?

① $-6x-10$ ② $-6x+10$
③ $6x-5$ ④ $6x-10$
⑤ $6x+10$

20 다음 중 옳지 <u>않은</u> 것은?

① $-5(x+1)=-5x-5$
② $(4x-3)\times\dfrac{3}{4}=3x-\dfrac{9}{4}$
③ $(x+16)\div4=x+4$
④ $(6a-4)\div(-12)=-\dfrac{1}{2}a+\dfrac{1}{3}$
⑤ $(18a-6)\times\left(-\dfrac{1}{3}\right)=-6a+2$

21 $(10x-6)\times\left(-\dfrac{1}{2}\right)=ax+b$일 때, 상수 a, b에 대하여 $a+b$의 값은?

① -8 ② -5 ③ -2
④ 5 ⑤ 8

유형 6 일차식의 덧셈과 뺄셈

22 $\dfrac{5x-13}{3}-2(x-3)$을 계산하면?

① $\dfrac{-x+5}{3}$ ② $x-31$

③ $-x+5$ ④ $\dfrac{x-31}{3}$

⑤ $\dfrac{-x-5}{3}$

풀이 전략 (1) 분배법칙을 이용하여 괄호를 푼다.
(2) 동류항끼리 모아서 계산한다.

23 다음 중 $3x^2$과 동류항인 것은?

① $3y^2$ ② $3x$ ③ $\dfrac{1}{3}x^2$

④ $3xy$ ⑤ $\dfrac{3}{x^2}$

24 다음 중 동류항끼리 짝지어진 것은?

① $a,\ a^2$ ② $2x,\ 2y$ ③ $2x^2,\ 2y^2$

④ $5,\ -\dfrac{1}{5}$ ⑤ $a,\ b$

25 〈보기〉에서 계산 결과가 같은 것끼리 짝지어진 것은?

┤ 보기 ├
ㄱ. $5x-4x+1$ ㄴ. $(-1)\times(2x+1)$
ㄷ. $3x-2-2x+3$ ㄹ. $(10x-5)\div5$

① ㄱ, ㄴ   ② ㄱ, ㄷ   ③ ㄱ, ㄹ

④ ㄴ, ㄹ   ⑤ ㄷ, ㄹ

26 다음 중 옳지 <u>않은</u> 것은?

① $(4x+3)+(2x+5)=6x+8$
② $(-2x+1)-(5x-3)=-7x+4$
③ $(9x-5)-2(4x-1)=x-3$
④ $(7x+2)+2(-4x-3)=-x+8$
⑤ $2(-3x+2)-3(3-2x)=-5$

27 $6\left(\dfrac{1}{2}x-\dfrac{2}{3}\right)-(10x-5)\div5$를 계산하여 $ax+b$의 꼴로 나타낼 때, $b-a$의 값을 구하시오. (단, a, b는 상수이다.)

28 $9x-[4x-\{-2-(3x-2)\}-7]$을 계산하면?

① $-3x$ ② $-2x+7$ ③ $2x-11$
④ $2x+7$ ⑤ $13x+5$

1 곱셈 기호와 나눗셈 기호의 생략

01 다음 중에서 기호 $\times$, $\div$를 생략하여 나타낸 식으로 옳은 것은?

① $2x \div \dfrac{1}{y} = \dfrac{y}{2x}$

② $5 \div x - y = \dfrac{x}{5} - y$

③ $3 \div (a+b) = \dfrac{3}{a+b}$

④ $(a+b) \times (-6) = a - 6b$

⑤ $a \times (-5) + b \div 2 = -3ab$

1 곱셈 기호와 나눗셈 기호의 생략

02 〈보기〉에서 식을 간단히 한 결과가 $\dfrac{ac}{b}$와 같은 것을 모두 고른 것은?

┤ 보기 ├
ㄱ. $a \div b \times c$　　　　ㄴ. $a \times b \div c$
ㄷ. $a \times (b \div c)$　　　ㄹ. $a \div (b \div c)$

① ㄱ, ㄴ　　　② ㄱ, ㄹ　　　③ ㄴ, ㄷ
④ ㄴ, ㄹ　　　⑤ ㄷ, ㄹ

2 문자를 사용한 식 세우기

03 남학생 17명의 수학 평균 점수는 x점이고 여학생 13명의 수학 평균 점수는 y점일 때, 모든 학생들의 수학 평균 점수를 식으로 간단히 나타내시오.

2 문자를 사용한 식 세우기

04 다음은 문자를 사용하여 식으로 나타낸 것이다. 옳지 않은 것은?

① x살인 형보다 네 살 아래인 동생의 나이는 $(x-4)$살이다.

② 한 개에 1800원인 음료수 a개의 가격은 $1800a$ 원이다.

③ 시속 50 km로 일정하게 달리는 자동차가 b 시간 동안 이동한 거리는 $50b$ km이다.

④ 정가가 15000원인 옷을 a % 할인받아 구입했다면 실제 지불한 금액은 $(15000 - 1500a)$원이다.

⑤ 한 모서리의 길이가 x cm인 정육면체의 부피는 x^3 cm³이다.

3 식의 값 구하기

05 $x = -6$, $y = \dfrac{1}{3}$일 때, $x^2 y - \dfrac{2}{y}$의 값은?

① 6　　　　② 8　　　　③ 10
④ 12　　　⑤ 16

3 식의 값 구하기

06 지면에서 초속 25 m로 똑바로 던져 올린 물체의 t초 후의 높이는 $(25t - 5t^2)$ m라고 한다. 이 물체의 3초 후의 높이를 구하시오.

④ 다항식과 일차식

07 다음 중 다항식 $2x-3y-1$에 대한 설명으로 옳지 <u>않은</u> 것은?

① 상수항은 -1이다.
② y의 차수는 1이다.
③ x의 계수는 2이다.
④ 항은 $2x$, $3y$, -1의 3개이다.
⑤ y의 계수와 상수항의 곱은 3이다.

④ 다항식과 일차식

08 〈보기〉에서 일차식은 모두 몇 개인가?

◁ 보기 ▷
$$-3a+5, \qquad -x^2+2, \qquad \frac{1}{x}$$
$$\frac{1}{4}x, \qquad 7-\frac{y}{2}, \qquad -5$$

① 1개 ② 2개 ③ 3개
④ 4개 ⑤ 5개

⑤ 일차식과 수의 곱셈과 나눗셈

09 $(18x-6)\div\left(-\dfrac{2}{3}\right)$를 계산했을 때, x의 계수와 상수항의 합을 구하시오.

⑥ 일차식의 덧셈과 뺄셈

10 다음 중 동류항끼리 짝지어진 것은?

① a, b ② $2x$, $2x^2$ ③ $\dfrac{1}{y}$, y
④ xy, $-2xy$ ⑤ $3a$, 3

⑥ 일차식의 덧셈과 뺄셈

11 $4(2-3x)-3(x-5)$를 계산한 식에서 x의 계수를 a, 상수항을 b라고 할 때, $a+b$의 값은?

① 8 ② 15 ③ 23
④ 28 ⑤ 32

⑥ 일차식의 덧셈과 뺄셈

12 다음 식을 계산하시오.

$$5x-[2x-5+3\{2x-(3x-1)\}]$$

 1

다음 그림과 같이 바둑돌을 사용하여 정사각형을 만들어 나간다고 한다. 정사각형의 한 변에 바둑돌이 n개 있을 때, 이 정사각형에 사용한 바둑돌의 개수를 n을 사용한 식으로 나타내시오.

 1 -1

다음 그림과 같이 바둑돌을 사용하여 정사각형을 만들어 나간다고 한다. 정사각형이 n개일 때, 사용한 바둑돌의 개수를 n을 사용한 식으로 나타내시오.

2

$a : b = 1 : 3$일 때, $\dfrac{2a-b}{3a+b}$의 값을 구하시오.

 2 -1

$a : b = 3 : 2$일 때, $\dfrac{4a-3b}{a+6b}$의 값을 구하시오.

3

다음 표의 가로, 세로, 대각선에 놓인 세 식의 합이 모두 같도록 빈칸을 채워 넣을 때, $A-B$를 계산하시오.

		B
$-3x-4$	$x-2$	$5x$
A		-5

3 -1

다음 표의 가로, 세로, 대각선에 놓인 세 식의 합이 모두 같도록 빈칸을 채워 넣을 때, $A-B$를 계산하시오.

A		$5x-2$
$x+2$	$2x-1$	$3x-4$
		B

4

오른쪽 그림과 같은 도형의 넓이를 a를 사용한 식으로 나타내시오.

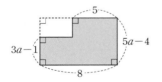

4 -1

오른쪽 그림과 같이 가로의 길이가 60 m, 세로의 길이가 40 m인 직사각형 모양의 땅에 폭이 x m로 일정한 길을 만들었다. 길을 제외한 땅의 둘레의 길이를 x를 사용한 식으로 나타내시오.

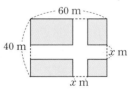

서술형 집중 연습

 1

A 지점에서 출발한 자동차가 320 km 떨어진 B 지점까지 시속 80 km로 a시간 동안 달렸을 때, 남은 거리를 문자를 사용한 식으로 나타내시오.

풀이 과정

(거리)=(속력)×(◯)이므로
시속 80 km로 a시간 동안 달린 거리는 ◯ km이다.
두 지점 A, B 사이의 거리가 320 km이므로
남은 거리는 ◯ km이다.

 1

길이가 a m인 기차가 길이 300 m인 다리를 시속 60 km로 완전히 통과하는 데 걸리는 시간이 몇 분인지 문자를 사용한 식으로 나타내시오.

 2

x의 계수가 -3이고 상수항이 1인 x에 대한 일차식이 있다. $x=-2$일 때의 식의 값을 a, $x=3$일 때의 식의 값을 b라고 할 때, $a-b$의 값을 구하시오.

풀이 과정

x의 계수가 -3이고 상수항이 1인 x에 대한 일차식은 ◯이다.
$x=-2$일 때, 식의 값 $a=$◯
$x=3$일 때, 식의 값 $b=$◯
따라서 $a-b=$◯이다.

2

x의 계수가 $-\frac{1}{2}$이고 상수항이 3인 x에 대한 일차식이 있다. $x=-4$일 때의 식의 값을 a, $x=3$일 때의 식의 값을 b라고 할 때, $b-a$의 값을 구하시오.

3

$\dfrac{x-5}{2}-\dfrac{2x+1}{3}-x$를 계산했을 때, x의 계수와 상수항의 합을 구하시오.

> **풀이과정**
>
> $\dfrac{x-5}{2}-\dfrac{2x+1}{3}-x$
>
> $=\dfrac{\boxed{}(x-5)}{6}-\dfrac{2(2x+1)}{\boxed{}}-\dfrac{6x}{6}$
>
> $=\dfrac{3x-\boxed{}-4x-\boxed{}-6x}{6}$
>
> $=\dfrac{\boxed{}x-\boxed{}}{6}$
>
> 따라서 x의 계수는 $\boxed{}$, 상수항은 $\boxed{}$이므로 그 합은 $\boxed{}$이다.

 3

$3x-\dfrac{5-x}{4}-\dfrac{5x-2}{3}=ax+b$일 때, $a+b$의 값을 구하시오. (단, a, b는 상수이다.)

 4

어떤 식에서 $2x-5$를 빼어야 할 것을 잘못하여 더하였더니 $5x-8$이 되었다. 바르게 계산한 결과를 구하시오.

> **풀이과정**
>
> 어떤 식에 $2x-5$를 더하였더니 $5x-8$이 되었으므로
>
> (어떤 식)$+(2x-5)=\boxed{}$
>
> (어떤 식)$=\boxed{}$
>
> 바르게 계산한 식은 어떤 식에서 $2x-5$를 빼야 하므로
>
> (어떤 식)$-(2x-5)=\boxed{}-(2x-5)$
>
> $=\boxed{}$

 4

어떤 식에 $3x+4$를 더하여야 할 것을 잘못하여 빼었더니 $6-x$가 되었다. 바르게 계산한 결과를 구하시오.

01 다음 중 옳은 것은?

① $a \times b \times 2 = ab^2$
② $0.1 \times x = 0.x$
③ $x \div y \times z = \dfrac{x}{yz}$
④ $a + b \div 3 = \dfrac{a+b}{3}$
⑤ $x \times (-1) \times x = -x^2$

02 다음 중 $a \div b \div c$와 같은 것은?

① $a \div (b \div c)$
② $a \div b \times c$
③ $a \times b \div c$
④ $a \div (b \times c)$
⑤ $a \times b \times c$

03 다음 중 옳은 것은?

① 세 수 a, b, c의 평균은 $\dfrac{a+b+c}{2}$이다.
② 한 변의 길이가 x cm인 정사각형의 둘레의 길이는 $(x+4)$ cm이다.
③ 십의 자리의 숫자가 a, 일의 자리의 숫자가 b인 두 자리의 자연수는 $a+b$이다.
④ 정가가 p원인 물건을 20 % 할인하여 판매할 때의 물건의 가격은 $0.2p$원이다.
⑤ 시속 x km로 4시간 동안 달린 거리는 $4x$ km이다.

04 어느 동호회 회원 300명 중에서 a %가 남자 회원이다. 이 동호회의 남자 회원의 수를 문자를 사용한 식으로 나타내면?

① $0.03a$명
② $0.3a$명
③ $3a$명
④ $30a$명
⑤ $300a$명

05 $x = 3$, $y = -6$일 때, 다음 식의 값 중 가장 큰 것은?

① $y - 2x$
② $\dfrac{y}{x}$
③ xy
④ $-xy^2$
⑤ $3x + 2y$

고난도

06 $a = \dfrac{1}{4}$, $b = -\dfrac{1}{6}$, $c = \dfrac{1}{8}$일 때, $\dfrac{1}{a} - \dfrac{2}{b} + \dfrac{3}{c}$의 값은?

① 40
② 20
③ 12
④ $\dfrac{23}{24}$
⑤ $\dfrac{7}{24}$

07 다음 중 다항식 $\dfrac{x^2}{2}-9x-1$에 대한 설명으로 옳지 <u>않은</u> 것은?

① $-9x$의 차수는 1이다.
② x^2의 계수는 2이다.
③ 상수항은 -1이다.
④ 다항식의 차수는 2이다.
⑤ 항은 $\dfrac{x^2}{2}$, $-9x$, -1의 3개이다.

08 $(4x-12) \div \left(-\dfrac{4}{3}\right)$를 계산했을 때, x의 계수와 상수항의 합은?

① -6　　　② -3　　　③ 0
④ 3　　　⑤ 6

09 〈보기〉에서 동류항끼리 짝지어진 것을 모두 고른 것은?

┌──────〈 보기 〉──────┐
ㄱ. 5, -4　　　　ㄴ. $7a$, $-7a$
ㄷ. $\dfrac{2}{x}$, $\dfrac{x}{2}$　　　ㄹ. $-y^2$, $-3y^2$
ㅁ. $2xy$, x^2y^2　　　ㅂ. 3, $3a$
└────────────────────┘

① ㄱ, ㄴ, ㄷ　　　② ㄱ, ㄴ, ㄹ
③ ㄴ, ㄷ, ㅂ　　　④ ㄴ, ㄹ, ㅁ
⑤ ㄷ, ㅁ, ㅂ

10 다음 중 옳지 <u>않은</u> 것은?

① $(2x+3)+(x-1)=3x+2$
② $(1-x)+3(2x-1)=5x-2$
③ $-2(x-1)-(x+3)=-3x-1$
④ $(x-2)-\dfrac{1}{2}(4x+8)=-x-6$
⑤ $-3(2x+1)+\dfrac{1}{3}(9x+12)=-3x-1$

11 다음 식을 계산했을 때, x의 계수와 상수항의 곱은?

┌────────────────────────────┐
│　　　$\dfrac{2x-3}{6}-0.5(2x+1)$　　　│
└────────────────────────────┘

① -1　　　② $-\dfrac{2}{3}$　　　③ $\dfrac{1}{6}$
④ $\dfrac{2}{3}$　　　⑤ 1

고난도
12 n이 자연수일 때,
$$(-1)^{2n} \times \dfrac{5x-1}{4} - (-1)^{2n+1} \times \dfrac{x+6}{2}$$
을 계산하여 $ax+b$의 꼴로 나타내었다.
$a-b$의 값은? (단, a, b는 상수이다.)

① $-\dfrac{11}{4}$　　　② $-\dfrac{7}{4}$　　　③ -1
④ 1　　　⑤ $\dfrac{9}{2}$

13 x의 계수가 5이고 상수항이 -3인 x에 대한 일차식이 있다. $x=2$일 때의 식의 값을 a, $x=-3$일 때의 식의 값을 b라고 할 때, $a-b$의 값을 구하시오.

14 다음 그림과 같이 단항식이 하나씩 적혀 있는 7장의 카드가 있다. 이 중 동류항 2개를 골라 더할 때, 나올 수 있는 모든 식을 구하시오.

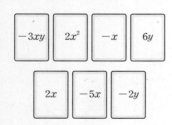

15 두 일차식 A, B가 다음 두 조건을 모두 만족할 때, $A+B$를 계산하시오.

> (가) B에서 $-3x+5$를 더하면 $x-2$이다.
> (나) A에서 $x-7$을 빼면 B이다.

16 네 수 a, b, c, d에 대하여

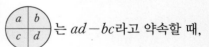
는 $ad-bc$라고 약속할 때,

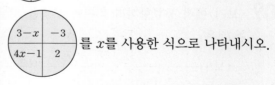
를 x를 사용한 식으로 나타내시오.

01 다음 중 옳은 것은?

① $(-0.1) \times a \times b = -0.ab$

② $x \div 4 + y \div 5 = \dfrac{4x}{5y}$

③ $x \div \dfrac{1}{y} \div \dfrac{1}{z} = \dfrac{xy}{z}$

④ $6 \div (x+y) \times (-x) = -\dfrac{6x}{x+y}$

⑤ $(a+b) \div (c \div 4) = \dfrac{a+b}{4c}$

02 $x \div y \div z = x \square (y \square z)$를 만족하도록 $\square$ 안에 알맞은 기호를 차례대로 쓰면?

① $\div$, $\times$ ② $\times$, $\div$ ③ $\times$, $\times$

④ $\div$, $\div$ ⑤ $\times$, $+$

고난도
03 강당에 모인 학생들이 긴 의자에 앉으려고 한다. 한 의자에 8명씩 앉으면 마지막 의자에는 4명이 앉고 2개의 의자에는 아무도 앉지 않게 된다. 긴 의자가 x개일 때, 학생 수를 x를 사용한 식으로 나타내면?

① $(8x-20)$명   ② $(8x-16)$명

③ $(8x-8)$명   ④ $8x$명

⑤ $(8x+4)$명

04 $a=3$, $b=-2$일 때, $(3-ab)-(6-a)$의 값은?

① -6 ② -3 ③ 3

④ 6 ⑤ 8

05 기온이 a ℃이고 습도가 b %일 때, 불쾌지수는 $40.6+0.72(a+b)$이다. 기온이 32 ℃이고 습도가 68 %인 날의 불쾌지수는?

① 110 ② 110.6 ③ 112

④ 112.6 ⑤ 112.8

06 다음 다항식 중 일차식이 <u>아닌</u> 것은?

① $-6x$ ② $-(x-1)$

③ $\dfrac{x-3}{2}$ ④ $x^2-(4x+x^2)$

⑤ $2(x-1)-2x$

07 다음 중 옳지 <u>않은</u> 것을 모두 고르면? (정답 2개)

① $(3-2x)\times 4=12-8x$

② $-(3x-1)=-3x+1$

③ $(12x-8)\div 4=3x-2$

④ $\dfrac{15x-4}{3}=5x-4$

⑤ $(-4+x)\times(-2)=-8+2x$

08 $2x-7-8x+4$를 계산하면?

① $-6x-3$ ② $-6x+9$ ③ $10x-3$

④ $10x+9$ ⑤ $16x-3$

09 다음 식을 계산하면?

$$\frac{2}{3}(6x-9)+\frac{1}{2}(4x+10)$$

① $-6x+1$ ② $-3x-1$ ③ $6x-1$

④ $6x+1$ ⑤ $6x+11$

10 오른쪽 그림과 같은 사각형의 넓이를 문자 x를 사용한 식으로 간단히 나타내면?

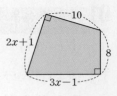

① $5x-5$ ② $5x$ ③ $12x+2$

④ $22x+1$ ⑤ $44x+2$

11 $2x-[6x-\{3x+1-(-6x-1)\}]=ax+b$일 때, ab의 값은? (단, a, b는 상수이다.)

① -10 ② -5 ③ 2

④ 5 ⑤ 10

🗨 고난도

12 오른쪽에 주어진 식을 계산하면 네 식 사이에는 일정한 규칙이 있다. 빈칸에 알맞은 식을 항이 2개인 일차식으로 나타내면?

$3x-5-2x+6$
$x-1+\dfrac{4x+8}{2}$
$6(2x+3)-2(4x+7)$

① $x-3$ ② $2x-1$ ③ $2x+2$

④ $3x-1$ ⑤ $3x+2$

서술형

13 한 벌에 25000원인 바지를 a % 할인된 가격으로 한 벌을 사고, 한 장에 15000원인 티셔츠를 b % 할인된 가격으로 네 장을 샀다. $a=10$, $b=15$일 때, 지불해야 할 금액을 구하시오.

15 x의 계수가 -4인 x에 대한 일차식이 있다. $x=1$일 때의 식의 값을 a, $x=3$일 때의 식의 값을 b라고 할 때, $b-a$의 값을 구하시오.

14 다항식 $-x^2-4x+2$에서 x의 계수를 a, 다항식의 차수를 b, 상수항을 c라고 할 때, $a-b+c$의 값을 구하시오.

16 연속하는 세 개의 홀수 중 가장 작은 수를 $2n-3$이라고 할 때, 이 연속된 세 홀수의 합을 n을 사용한 식으로 나타내시오.

EBS 중학 수학 내신 대비 기출문제집

Ⅲ. 문자와 식

2

일차방정식

대표 유형

1 등식

2 방정식의 해

3 등식의 성질

4 일차방정식

5 일차방정식의 풀이

6 해에 대한 조건이 주어진 방정식

7 일차방정식의 활용

1 방정식과 항등식

(1) **등식**: 등호(＝)를 사용하여 수량 사이의 관계를 나타낸 식

  예 $2+3=5$, $3x+2=-1$, …

$$\underset{\substack{\text{좌변} \quad \text{등호} \quad \text{우변} \\ \text{양변}}}{2x+1 \; \boxed{=} \; 1}$$

(2) **방정식과 그 해**

  ① **방정식**: 미지수의 값에 따라 참이 되기도 하고 거짓이 되기도 하는 등식

  ② **방정식의 해(근)**: 방정식을 참이 되게 하는 미지수의 값

  ③ **방정식을 푼다**: 방정식의 해(근)를 구하는 것

    예 방정식 $2x-5=1$에서

x의 값	좌변	우변	참/거짓
2	$2\times2-5=-1$	1	거짓
3	$2\times3-5=1$	1	참
4	$2\times4-5=3$	1	거짓

    따라서 방정식 $2x-5=1$의 해는 $x=3$이다.

(3) **항등식**: 미지수에 어떤 수를 대입해도 항상 참이 되는 등식

2 등식의 성질

(1) **등식의 성질**

  ① 등식의 양변에 같은 수를 더하여도 등식이 성립한다.

    ➡ $a=b$이면 $a+c=b+c$

  ② 등식의 양변에 같은 수를 빼어도 등식은 성립한다.

    ➡ $a=b$이면 $a-c=b-c$

  ③ 등식의 양변에 같은 수를 곱하여도 등식은 성립한다.

    ➡ $a=b$이면 $ac=bc$

  ④ 등식의 양변을 0이 아닌 같은 수로 나누어도 등식은 성립한다.

    ➡ $a=b$이면 $\dfrac{a}{c}=\dfrac{b}{c}$ (단, $c\neq0$)

(2) **등식의 성질을 이용한 방정식의 풀이**

  등식의 성질을 이용하여 주어진 방정식을 $x=(수)$의 꼴로 고쳐서 방정식의 해를 구할 수 있다.

  예 등식의 성질을 이용하여 방정식 $3x-5=1$을 풀면

    양변에 5를 더하면 $3x-5+5=1+5$

    간단히 하면 $3x=6$

    양변을 3으로 나누면 $\dfrac{3x}{3}=\dfrac{6}{3}$

    따라서 $x=2$

✓ 개념 체크

01 다음 중 등식인 것은 ○표, 등식이 <u>아닌</u> 것은 ×표를 ( ) 안에 써넣으시오.

  (1) $x-3$ ( )

  (2) $5+2=7$ ( )

  (3) $2x+3=9$ ( )

  (4) $x-4<3$ ( )

02 다음 문장을 등식으로 나타내시오.

  (1) 어떤 수 x의 3배에서 4를 빼면 11이다.

  (2) 길이가 15 m인 종이테이프를 x m씩 두 번 잘라내면 5 m가 남는다.

03 x의 값이 1, 2, 3일 때, 다음 방정식의 해를 구하시오.

  (1) $6-x=4$

  (2) $4x-8=7-x$

04 다음 중 항등식인 것은 ○표, 항등식이 <u>아닌</u> 것은 ×표를 ( ) 안에 써넣으시오.

  (1) $2x+x=3x$ ( )

  (2) $x-3=3-x$ ( )

  (3) $4x=8$ ( )

  (4) $3(x-2)=3x-6$ ( )

05 다음은 등식의 성질을 이용하여 방정식의 해를 구하는 과정이다. □ 안에 알맞은 수를 써넣으시오.

> $-2x+1=5$
> 양변에서 □을 빼면
> $-2x+1-\square=5-\square$
> $-2x=\square$
> 양변을 □로 나누면
> $\dfrac{-2x}{\square}=\dfrac{4}{\square}$
> $x=\square$

③ 일차방정식

(1) **이항**: 등식의 성질을 이용하여 등식의 한 변에 있는 항을 부호를 바꾸어 다른 변으로 옮기는 것

예 $x-5=1$ $3x-1=x+5$
            이항   이항

       $x=1+5$ $3x-x=5+1$

(2) **일차방정식**: 방정식의 모든 항을 좌변으로 이항하여 정리하였을 때, (x에 대한 일차식)$=0$, 즉 $ax+b=0$ (a, b는 상수, $a\neq 0$) 의 꼴로 변형되는 방정식을 x에 대한 일차방정식이라고 한다.

(3) **간단한 일차방정식의 풀이**
  ① 미지수를 포함한 항은 좌변으로, 상수항은 우변으로 이항한다.
  ② 양변을 정리하여 $ax=b(a\neq 0)$의 꼴로 고친다.
  ③ x의 계수 a로 양변을 나누어 해를 구한다.
  ④ 방정식의 해가 맞는지 확인한다.

④ 여러 가지 일차방정식의 풀이

(1) 괄호가 있는 경우는 분배법칙을 이용하여 괄호를 푼다.
(2) 계수가 소수인 경우는 양변에 10, 100, 1000, … 중 적당한 수를 곱하여 계수를 정수로 고친 후에 푼다.
(3) 계수가 분수인 경우는 양변에 분모의 최소공배수를 곱하여 계수를 정수로 고친 후에 푼다.

⑤ 일차방정식의 활용

(1) **일차방정식의 활용 문제 풀이 순서**
  ① 미지수 정하기: 문제의 뜻을 파악하고 구하려고 하는 것을 미지수 x로 놓는다.
  ② 방정식 세우기: 문제의 뜻에 맞게 일차방정식을 세운다.
  ③ 방정식 풀기: 일차방정식을 푼다.
  ④ 확인하기: 구한 해가 문제의 뜻에 맞는지 확인한다.
  예 어떤 수의 2배에서 5를 뺐더니 13이 되었다. 어떤 수를 구해 보자.
    ① 미지수 정하기: 어떤 수를 x라고 하자.
    ② 방정식 세우기: 어떤 수의 2배에서 5를 빼서 13이 되었으므로
      $$2x-5=13$$
    ③ 방정식 풀기: $2x-5=13$, $2x=18$, $x=9$
    ④ 확인하기: 어떤 수 9의 2배에서 5를 빼면 $2\times 9-5=13$은 참이므로 $x=9$가 해가 맞다.

✓ 개념 체크

06 다음 방정식에서 밑줄 친 항을 이항하시오.

(1) $3x\underline{-5}=13$
(2) $5x\underline{+3}=2\underline{x}-9$

07 다음 중 일차방정식인 것은 ○표, 일차방정식이 아닌 것은 ×표를 ( ) 안에 써넣으시오.

(1) $2x-1$ (   )
(2) $x=3x-6$ (   )
(3) $x=-x^2+5$ (   )
(4) $3x-1=-2x+5$ (   )

08 다음 방정식을 푸시오.

(1) $6x=3x+9$
(2) $4(x-2)=5x-3$
(3) $0.2x-1.1=-0.3$
(4) $\dfrac{1}{2}x-\dfrac{4}{3}=-\dfrac{1}{6}x$

09 현재 형의 나이는 x살이고 동생은 형보다 4살이 적다. 형과 동생의 나이의 합이 30살일 때, 다음 물음에 답하시오.

(1) 동생의 나이를 x에 대한 식으로 나타내시오.
(2) 형과 동생의 나이의 합이 30살임을 이용하여 방정식을 세우시오.
(3) 형과 동생의 나이를 각각 구하시오.

유형 1 등식

01 다음 중 문장을 등식으로 나타낸 것으로 옳은 것은?

① x에서 6을 뺀 것은 x의 4배와 같다.
➡ $6-x=4x$
② 5000원을 내고 x원짜리 볼펜을 3개 샀더니 거스름돈이 2000원이었다.
➡ $3x-5000=2000$
③ 가로의 길이가 6 cm, 세로의 길이가 x cm 인 직사각형의 둘레의 길이는 40 cm이다.
➡ $6+x=40$
④ 사탕 35개를 x명에게 3개씩 나누어 주었더니 2개가 남았다. ➡ $3x+2=35$
⑤ 시속 x km로 2시간 동안 이동한 거리는 12 km이다. ➡ $\dfrac{x}{2}=12$

풀이 전략 좌변과 우변에 해당하는 식을 구한 후 등호를 사용하여 나타낸다.

02 다음 중 등식인 것을 모두 고르면? (정답 2개)

① $x+3$
② $5+1=6$
③ $3x-2>0$
④ $-6<1$
⑤ $5x-2x=6$

03 다음 문장을 등식으로 나타내면?

어떤 수 x의 4배에 6을 더한 수는 8에서 x를 뺀 수의 3배와 같다.

① $4x+6=8(x-3)$
② $4x+6=8-3x$
③ $4x+6=3(8-x)$
④ $4(x+6)=3-8x$
⑤ $4(x+6)=8-3x$

유형 2 방정식의 해

04 다음 [ ] 안의 수가 주어진 방정식의 해인 것은?

① $x-2x=-5$ [2]
② $4-x=6$ [8]
③ $\dfrac{x}{2}+1=4$ [-6]
④ $3(x-2)=4$ [3]
⑤ $3x+1=x-1$ [-1]

풀이 전략 주어진 값을 x에 대입하였을 때, 등식이 성립하면 방정식의 해이다.

05 다음 방정식 중 $x=2$가 해가 <u>아닌</u> 것은?

① $x-3=-1$
② $3x+2=10-x$
③ $2(x-1)=-6$
④ $\dfrac{2}{3}(x+1)=2$
⑤ $x+1=\dfrac{x+4}{2}$

06 x의 값이 -2, -1, 0, 1, 2일 때, 방정식 $2(2x+1)=x-1$의 해는?

① $x=-2$
② $x=-1$
③ $x=0$
④ $x=1$
⑤ $x=2$

유형 3 등식의 성질

07 다음 중 옳은 것을 모두 고르면? (정답 2개)

① $ac=bc$이면 $a=b$이다.

② $a=b$이면 $\dfrac{a}{c}=\dfrac{b}{c}$이다.

③ $5a=6b$이면 $\dfrac{a}{6}=\dfrac{b}{5}$이다.

④ $a=b$이면 $8-a=8-b$이다.

⑤ $a=3b$이면 $a-3=3(b-3)$이다.

풀이 전략 등식의 양변에 같은 수를 더하거나 빼거나 곱하거나 등식의 양변을 같은 수로 나누어도 등식은 성립한다. (단, 0으로 나누는 것은 제외한다.)

08 $a=b$일 때, 다음 중 옳지 <u>않은</u> 것은?

① $4+a=4+b$

② $7-a=7-b$

③ $-5a-5b=0$

④ $6a-1=6b-1$

⑤ $-\dfrac{a}{2}+3=-\dfrac{b}{2}+3$

09 오른쪽은 일차방정식 $\dfrac{3x-2}{4}=1$의 해를 구하는 과정이다.
(가), (나), (다)의 과정에서 이용된 등식의 성질을 〈보기〉에서 찾아 순서대로 쓰시오.

$$\begin{array}{l} \dfrac{3x-2}{4}=1 \\ 3x-2=4 \\ 3x=6 \\ x=2 \end{array}\begin{array}{l} \Big\}(가) \\ \Big\}(나) \\ \Big\}(다) \end{array}$$

┤보기├

$a=b$이고 c가 자연수일 때,

ㄱ. $a+c=b+c$ ㄴ. $a-c=b-c$

ㄷ. $ac=bc$ ㄹ. $\dfrac{a}{c}=\dfrac{b}{c}$

유형 4 일차방정식

10 다음 중 x에 대한 일차방정식인 것은?

① $x=x^2-3$

② $2x+6=2(x+3)$

③ $5x-7$

④ $x^2+3x=3+x^2$

⑤ $x(x+1)=5x-2$

풀이 전략 일차방정식은 모든 항을 좌변으로 이항하여 정리한 식이 (일차식)=0의 꼴로 나타내어지는 방정식이다.

11 다음 중 밑줄 친 항을 바르게 이항한 것은?

① $6-\underline{3x}=2 \Rightarrow -3x=2+6$

② $\underline{-3x}=1 \Rightarrow x=1+3$

③ $4x=\underline{x}+12 \Rightarrow 4x+x=12$

④ $5-x=\underline{-2x} \Rightarrow -x+2x=-5$

⑤ $3x\underline{+6}=\underline{2x}-1 \Rightarrow 3x-2x=-1+6$

12 등식 $2x+5=1-ax$가 x에 대한 일차방정식이 될 때, 상수 a의 값이 될 수 <u>없는</u> 수는?

① -2 ② -1 ③ 0

④ 1 ⑤ 2

유형 5 일차방정식의 풀이

13 방정식 $2x+5=1-2x$의 해가 $x=a$일 때, $-2(1-a)$의 값은?

① -4 ② -2 ③ 0

④ 0 ⑤ 4

풀이 전략 등식의 성질, 이항 등을 이용하여 $x=$(수)의 꼴로 변형한다.

14 다음 일차방정식 중 해가 나머지 넷과 다른 하나는?

① $2x+1=x+6$
② $5x-9=3x+1$
③ $3x+1=4(x-1)$
④ $3(x+2)=5x+24$
⑤ $6(x+1)=3(x+7)$

15 일차방정식 $\dfrac{x+5}{3}-\dfrac{3x-2}{2}=3$을 풀면?

① $x=-2$ ② $x=-\dfrac{2}{7}$ ③ $x=\dfrac{1}{7}$

④ $x=\dfrac{4}{7}$ ⑤ $x=2$

16 다음 일차방정식을 푸시오.

$$0.2x+1.5=\dfrac{1}{4}(x+5)$$

유형 6 해에 대한 조건이 주어진 방정식

17 두 일차방정식 $3x-5=8x+15$와 $\dfrac{x}{2}-\dfrac{x-2a}{4}=1$의 해가 같을 때, 상수 a의 값을 구하시오.

풀이 전략 (1) 해가 주어지면 방정식에 대입한다.
(2) 두 방정식의 해가 같으면 한 방정식의 해를 구하여 다른 방정식에 대입한다.

18 두 방정식 $ax+1=x+a$와 $2x+3=3(2x-1)-4$의 해가 같을 때, 상수 a의 값은?

① -2 ② -1 ③ 1

④ 2 ⑤ 3

19 다음 방정식의 해가 $x=-2$일 때, 상수 a의 값은?

$$\dfrac{a(1-x)}{3}-\dfrac{2+ax}{4}=\dfrac{1}{6}$$

① $\dfrac{4}{9}$ ② $\dfrac{5}{9}$ ③ $\dfrac{2}{3}$

④ $\dfrac{8}{9}$ ⑤ 1

유형 7 일차방정식의 활용

20 연속한 세 자연수의 합이 114일 때, 세 정수 중 가장 큰 수는?

① 37   ② 38   ③ 39
④ 40   ⑤ 41

풀이 전략 연속하는 세 자연수는 $x, x+1, x+2$ 또는 $x-1, x, x+1$ 또는 $x-2, x-1, x$ 등으로 나타낼 수 있다.

21 어떤 수의 2배에 7을 더한 수는 어떤 수에서 1을 뺀 수의 5배와 같다. 어떤 수는?

① 1   ② 2   ③ 3
④ 4   ⑤ 5

22 십의 자리의 숫자가 5인 두 자리의 자연수가 있다. 이 자연수의 십의 자리의 숫자와 일의 자리의 숫자를 바꾼 수는 처음 수보다 18만큼 크다고 한다. 이때 처음 수를 구하시오.

23 우리 안에 토끼와 닭이 합하여 15마리가 있다. 다리의 수의 합이 54개일 때, 토끼는 모두 몇 마리 있는가?

① 10마리   ② 12마리   ③ 14마리
④ 15마리   ⑤ 16마리

24 학생들에게 귤을 나누어 주는데 3개씩 주면 2개가 남고, 5개씩 주면 12개가 모자란다. 이때 귤은 모두 몇 개인지 구하시오.

25 진희가 등산로를 따라 등산을 하는데 똑같은 길을 올라갈 때는 시속 2 km, 내려올 때는 시속 4 km로 걸어서 왕복 6시간이 걸렸다. 등산로의 길이는?

① 5 km   ② 6 km   ③ 7 km
④ 8 km   ⑤ 9 km

1 등식

01 다음 중 등식이 <u>아닌</u> 것을 모두 고르면?

(정답 2개)

① $6-8=-2$ ② $2x+5=9$

③ $1>-5$ ④ $5x+7$

⑤ $2(x-1)=2x-2$

1 등식

02 다음 문장을 등식으로 나타내면?

> 어떤 수 x에 3을 더한 수의 2배는 어떤 수의 6배보다 18이 크다.

① $2x+3<6x+18$

② $2(x+3)+18=6x$

③ $2(x+3)>6x+18$

④ $2x+3=6x+18$

⑤ $2(x+3)=6x+18$

1 등식

03 다음 중 문장을 등식으로 나타낸 것으로 옳지 <u>않</u>은 것은?

① 한 변의 길이가 x cm인 정사각형의 둘레의 길이는 24 cm이다. ➡ $4x=24$

② 시속 50 km로 x시간 동안 간 거리는 120 km이다. ➡ $50x=120$

③ 10000원을 내고 한 개에 800원 하는 아이스크림 x개를 샀더니 거스름돈이 3600원이었다. ➡ $10000-800x=3600$

④ 50개의 사탕을 x명에게 6개씩 나누어 주면 2개가 모자란다. ➡ $50-6x=2$

⑤ 정가가 a원인 옷을 20 % 할인하여 팔 때의 가격은 12000원이다. ➡ $0.8a=12000$

2 방정식의 해

04 다음 중 x의 값에 따라 참이 되기도 하고 거짓이 되기도 하는 등식은?

① $(3x-1)-(x-1)=2x$

② $2x+7=3x+7-x$

③ $5x-6=2(6+x)$

④ $2(x-5)=2x-10$

⑤ $8x+5=(3x-4)+(5x+9)$

2 방정식의 해

05 다음 방정식 중 해가 $x=2$가 <u>아닌</u> 것은?

① $2x-3=1$ ② $5=3x-4$

③ $4x-8=0$ ④ $5x+2=4(x+1)$

⑤ $2(x-1)=-x+4$

2 방정식의 해

06 다음 중 [ ] 안의 수가 주어진 방정식의 해인 것은?

① $6-x=8$ [2]

② $x+4=-4$ [-2]

③ $2x-13=3$ [-8]

④ $3x-5=16$ [-7]

⑤ $\dfrac{x}{6}+2=1$ [-6]

③ 등식의 성질

07 $x=y$일 때, 다음 중 옳지 <u>않은</u> 것은?

① $x+3=y+3$ ② $x-5=y-5$

③ $7x=7y$ ④ $-\dfrac{x}{5}=-\dfrac{y}{5}$

⑤ $x+y=0$

③ 등식의 성질

08 다음 중 옳지 <u>않은</u> 것은?

① $\dfrac{a}{4}=\dfrac{b}{3}$이면 $4a=3b$이다.

② $a+6=b+6$이면 $a=b$이다.

③ $4a-2=4b-2$이면 $a=b$이다.

④ $10a=-5b$이면 $a=-\dfrac{b}{2}$이다.

⑤ $-a=b$이면 $-3a+4=3b+4$이다.

④ 일차방정식

09 다음 중 밑줄 친 항을 바르게 이항한 것은?

① $x\underline{-3}=7 \Rightarrow x=7-3$

② $9x=7\underline{-2x} \Rightarrow 9x-2x=7$

③ $\underline{-2x}=18 \Rightarrow x=18+2$

④ $4\underline{x+3}=7 \Rightarrow 4x=7-3$

⑤ $-2\underline{x+5}=\underline{3x}-8 \Rightarrow -2x-3x=5+8$

④ 일차방정식

10 〈보기〉에서 일차방정식은 모두 몇 개인가?

┤ 보기 ├
ㄱ. $4x+7$ ㄴ. $5x+4x=9x$
ㄷ. $6x-1=3x+2$ ㄹ. $x(x-3)=x^2+6$
ㅁ. $-3x^2+x=2+3x^2$

① 1개 ② 2개 ③ 3개
④ 4개 ⑤ 5개

⑤ 일차방정식의 풀이

11 다음 중 해가 나머지 넷과 <u>다른</u> 하나는?

① $x-4=-5$ ② $3x+10=2x+11$

③ $9x-5=4x$ ④ $-4x+9=6-x$

⑤ $3x-8=x-6$

⑤ 일차방정식의 풀이

12 방정식 $3(x-1)=4(x+2)-12$를 풀면?

① $x=-1$ ② $x=0$ ③ $x=1$

④ $x=2$ ⑤ $x=3$

5 일차방정식의 풀이

13 일차방정식 $\dfrac{5x+8}{4}=\dfrac{x-7}{2}-8$을 풀면?

① $x=-18$ ② $x=-12$ ③ $x=-6$
④ $x=12$ ⑤ $x=18$

6 해에 대한 조건이 주어진 방정식

16 일차방정식 $3(2x+5)+a=5-x$의 해가
$x=-2$일 때, 상수 a의 값은?

① -4 ② -2 ③ 2
④ 4 ⑤ 6

5 일차방정식의 풀이

14 일차방정식 $3(x-0.9)-5=2.6x-6.1$의 해를
$x=a$라고 할 때, $3-2a$의 값은?

① -5 ② -4 ③ 2
④ 4 ⑤ 5

6 해에 대한 조건이 주어진 방정식

17 두 일차방정식
$$3(x+2)=2x+3,\ 2x+a=4-5x$$
의 해가 같을 때, 상수 a의 값은?

① 7 ② 13 ③ 15
④ 25 ⑤ 28

5 일차방정식의 풀이

15 일차방정식 $1.3x+6=0.7x+0.6$의 해를 $x=a$,
일차방정식 $\dfrac{1}{2}x-\dfrac{3}{4}x=\dfrac{2x-7}{6}$ 의 해를 $x=b$
라고 할 때, $b-a$의 값을 구하시오.

6 해에 대한 조건이 주어진 방정식

18 일차방정식 $6(3-2x)=a-5x$의 해는
$1-\dfrac{3-2x}{2}=\dfrac{8-x}{8}$ 의 해의 3배일 때, 상수 a
의 값을 구하시오.

7 일차방정식의 활용

19 어떤 수를 4배 하여 10을 더한 수는 어떤 수를 5배 하여 6을 뺀 수와 같다. 이때 어떤 수는?

① 15　　　　② 16　　　　③ 17
④ 18　　　　⑤ 19

7 일차방정식의 활용

20 현재 어머니의 나이는 47살이고, 딸의 나이는 13살이다. 어머니의 나이가 딸의 나이의 3배가 되는 것은 몇 년 후인가?

① 3년 후　　② 4년 후　　③ 5년 후
④ 6년 후　　⑤ 7년 후

7 일차방정식의 활용

21 어느 농구시합에서 한 선수가 2점짜리 슛과 3점짜리 슛을 합하여 15골을 넣어 총 32득점을 하였다. 이 선수는 3점짜리 슛을 몇 골 넣었는가?

① 2골　　　　② 3골　　　　③ 4골
④ 5골　　　　⑤ 6골

7 일차방정식의 활용

22 현재 진희와 윤희의 통장에는 각각 50000원, 30000원이 예금되어 있다. 진희는 매월 2500원씩, 윤희는 매월 3500원씩 예금한다고 할 때, 두 사람의 예금액이 같아지는 것은 몇 개월 후인가?

① 18개월 후　② 19개월 후　③ 20개월 후
④ 21개월 후　⑤ 22개월 후

7 일차방정식의 활용

23 둘레의 길이가 38 m이고, 가로의 길이가 세로의 길이의 2배보다 8 m 짧은 직사각형 모양의 밭을 만들려고 한다. 이때 가로의 길이를 구하시오.

7 일차방정식의 활용

24 진희네 집에서 외할머니 댁까지 자동차를 타고 가는 데 시속 45 km로 가면 시속 60 km로 갈 때보다 10분이 더 걸린다. 진희네 집에서 외할머니 댁까지의 거리는?

① 20 km　　② 24 km　　③ 25 km
④ 28 km　　⑤ 30 km

1

다음 등식이 성립하도록 등식의 성질을 이용하여 □ 안에 알맞은 식을 구하시오.

$$2a+6=2(b+1)$$이면 $a+1=\boxed{}$

1 -1

다음 등식이 성립하도록 등식의 성질을 이용하여 □ 안에 알맞은 식을 구하시오.

$$3a-9=3(b-1)$$이면 $a+2=\boxed{}$

2

x에 대한 일차방정식 $\dfrac{a-2x}{4}+1=2$의 해가 음의 정수일 때, 자연수 a의 값을 구하시오.

2 -1

x에 대한 방정식 $2x+7-\dfrac{x+3a}{2}=-2$의 해가 음의 정수가 되도록 하는 자연수 a의 개수를 구하시오.

x에 대한 두 일차방정식

$$2(3x-2a)=3(x-1)+2,\ x-\frac{2x+1}{3}=a$$

의 해가 절댓값은 같고 부호는 서로 다를 때, 상수 a의 값을 구하시오.

x에 대한 두 일차방정식

$$4a-x=1-4(x-1),\ x+1=2+\frac{x+a}{3}$$

의 해가 절댓값은 같고 부호는 서로 다를 때, 상수 a의 값을 구하시오.

어떤 일을 완성하는 데 진희가 혼자 하면 10일, 윤희가 혼자 하면 15일이 걸린다고 한다. 진희와 윤희가 함께 일한다면 이 일을 완성하는 데 며칠이 걸리겠는지 구하시오.

어떤 일을 완성하는 데 A가 혼자 하면 20일, B가 혼자 하면 30일이 걸린다고 한다. 이 일을 B가 혼자 5일 동안 하고 나서 나머지 일을 A와 B가 함께 하여 완성하였을 때, A와 B가 함께 일한 날은 며칠인지 구하시오.

서술형 집중 연습

 1

등식 $ax-3(x-2)=x+b+4$가 모든 x에 대하여 항상 참일 때, 상수 a, b에 대하여 $a+b$의 값을 구하시오.

> **풀이과정**
>
> $ax-3(x-2)=x+b+4$
> $\boxed{}x+6=x+\boxed{}+4$
> 모든 x에 대하여 항상 참이므로
> $a-\boxed{}=1,\ a=\boxed{}$
> $\boxed{}=b+4,\ b=\boxed{}$
> 따라서 $a+b=\boxed{}$

 1

등식 $2-ax=2(x+b)-4x-3$이 모든 x에 대하여 항상 참일 때, 상수 a, b에 대하여 $a+2b$의 값을 구하시오.

 2

일차방정식 $\dfrac{x}{2}+\dfrac{a-x}{6}=\dfrac{x+1}{2}$의 해가 $x=-1$일 때, 일차방정식 $2(x+a)-3(a-x)=8$의 해를 구하시오. (단, a는 상수이다.)

> **풀이과정**
>
> $x=\boxed{}$을 $\dfrac{x}{2}+\dfrac{a-x}{6}=\dfrac{x+1}{2}$에 대입하면
> $-\dfrac{1}{2}+\dfrac{a+1}{6}=\dfrac{\boxed{}+1}{2}$
> $\dfrac{a+1}{6}=\boxed{}$
> 따라서 $a=\boxed{}$
> $a=\boxed{}$를 $2(x+a)-3(a-x)=8$에 대입하면
> $2(x+\boxed{})-3(\boxed{}-x)=8$
> $2x+4-6+3x=8$
> $5x=\boxed{}$
> 따라서 $x=\boxed{}$

 2

일차방정식 $0.2(x+a)=x+1.8$의 해가 $x=-3$일 때, $\dfrac{x+a}{2}=7-\dfrac{2x+1}{3}$의 해를 구하시오.

(단, a는 상수이다.)

3

다음 비례식을 만족시키는 x의 값을 구하시오.

$$(x-3):(2x+1)=3:5$$

풀이 과정

$(x-3):(2x+1)=3:5$에서

비례식의 성질에 의하여

$\boxed{}(2x+1)=\boxed{}(x-3)$

$6x+\boxed{}=\boxed{}x-15$

따라서 $x=\boxed{}$

 3

다음 비례식을 만족시키는 x의 값을 구하시오.

$$(x+2):3=2(x-2):5$$

 4

어느 중학교의 올해 학생 수는 작년보다 5 % 증가하여 336명이다. 이 학교의 작년 학생 수는 몇 명인지 구하시오.

풀이 과정

작년 학생 수를 x명이라고 하면

$\boxed{}+x\times\dfrac{\boxed{}}{100}=336$

양변에 100을 곱하면

$\boxed{}x+5x=33600$

$105x=33600$, $x=\boxed{}$

따라서 작년 학생 수는 $\boxed{}$명이다.

 4

어떤 상품의 원가에 30 %의 이익을 붙여서 정가를 정한 후 정가에서 1400원을 할인하여 팔았더니 1000원의 이익을 얻었다고 한다. 이 상품의 원가를 구하시오.

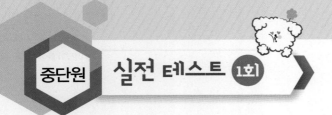
01 '어떤 수 x의 4배에서 1을 뺀 것은 어떤 수 x에 6을 더하여 2를 곱한 것과 같다.'를 등식으로 바르게 나타낸 것은?

① $4x - 1 = 6x + 2$

② $4x - 1 = x + 6 \times 2$

③ $4(x - 1) = 2x + 6$

④ $4(x - 1) = 2(x + 6)$

⑤ $4x - 1 = 2(x + 6)$

02 다음 중 [ ] 안의 수가 주어진 방정식의 해가 되는 것은?

① $-x + 12 = x$ $[-6]$

② $x - 5 = 3 - x$ $[0]$

③ $\dfrac{x-3}{2} = \dfrac{x}{5}$ $[5]$

④ $4 - 3x = 7$ $[1]$

⑤ $2(x + 2) = x + 7$ $[-3]$

03 다음 중 x의 값에 관계없이 항상 성립하는 것은?

① $6x - 4 = 2x$

② $3 - 2x = 7$

③ $-6x + 5 = 5x - 6$

④ $4 - 2x = 2(-x + 2)$

⑤ $-7x + 1 = -4x - 8$

04 다음 중 옳지 않은 것은?

① $a + 7 = b + 7$이면 $a = b$이다.

② $\dfrac{a}{5} = b$이면 $a = 5b$이다.

③ $\dfrac{c}{a} = \dfrac{c}{b}$이면 $a = b$이다.

④ $a = b$이면 $6a + 1 = 6b + 1$이다.

⑤ $\dfrac{a}{-3} = \dfrac{b}{-3}$이면 $a = b$이다.

05 등식 $7x - 8 = 4x + 3$을 이항만을 이용하여 $ax = b\,(a > 0)$의 꼴로 고쳤을 때, $a + b$의 값은? (단, a, b는 상수이다.)

① 10   ② 11   ③ 12

④ 13   ⑤ 14

06 다음 중 일차방정식이 아닌 것은?

① $-2x + 1 = 5$

② $4(2x + 3) = 8x + 12$

③ $x = 3$

④ $\dfrac{x}{3} = 4$

⑤ $x^2 + 3x + 5 = x(x + 1)$

07 다음 방정식 중 해가 나머지 넷과 <u>다른</u> 것은?

① $x+3=2$　　　　　② $2x-1=3$

③ $2(x-1)=-4$　　④ $\dfrac{2}{3}x-\dfrac{1}{3}=-1$

⑤ $0.5x+2=1.5$

08 일차방정식 $7x-6=4x$의 해를 $x=a$, 일차방정식 $4x-7=2(x+5)-1$의 해를 $x=b$라고 할 때, $a+b$의 값은?

① 7　　　　② 8　　　　③ 9
④ 10　　　⑤ 11

09 일차방정식 $\dfrac{1}{2}x-0.75=\dfrac{2x-7}{6}$을 풀면?

① $x=-\dfrac{5}{2}$　② $x=-2$　③ $x=-\dfrac{1}{2}$

④ $x=\dfrac{1}{2}$　　⑤ $x=\dfrac{5}{2}$

고난도

10 x에 대한 일차방정식 $3(x-5)=-2a$의 해가 자연수가 되도록 하는 자연수 a의 값을 모두 구하면? (정답 2개)

① 2　　　　② 3　　　　③ 4
④ 5　　　　⑤ 6

11 연속하는 세 홀수의 합이 159일 때, 세 홀수 중 가장 작은 수는?

① 49　　　② 51　　　③ 53
④ 55　　　⑤ 57

고난도

12 A 도시에서 B 도시까지 승용차로 가는 데 시속 60 km의 속력으로 가면 예정된 시간보다 2분 늦게 도착하고, 시속 70 km의 속력으로 가면 예정된 시간보다 2분 빠르게 도착한다. 이때 A 도시에서 B 도시까지의 거리는?

① 25 km　　② 26 km　　③ 27 km
④ 28 km　　⑤ 29 km

서술형

13 다음은 일차방정식 $5x-2=8x+7$을 등식의 성질을 이용하여 푸는 과정이다. $A+B+C+D$의 값을 구하시오.

$$5x-2=8x+7$$
$$5x-2-8x=8x+7-8x$$
$$-3x-2=7$$
$$-3x-2+\boxed{A}=7+\boxed{A}$$
$$-3x=\boxed{B}$$
$$\frac{-3x}{\boxed{C}}=\frac{9}{\boxed{C}}$$
$$\text{따라서 } x=\boxed{D}$$

15 다음 두 방정식의 해가 같을 때, 상수 a의 값을 구하시오.

$$\frac{x}{3}+1=\frac{5x-3}{4}-x, \quad 3x-a=2x-5$$

14 오른쪽과 같이 아래의 이웃한 두 식을 더한 것이 위의 식이 된다고 한다. 다음 그림과 같이 맨 위의 값이 36일 때, 이를 만족하는 x의 값을 구하시오.

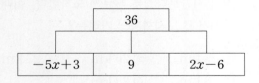

$A+B$	
A	B

36		
$-5x+3$	9	$2x-6$

16 윗변의 길이가 10 cm, 높이가 8 cm, 넓이가 64 cm²인 사다리꼴의 아랫변의 길이를 구하시오.

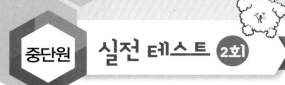 중단원 실전 테스트 2회

01 다음 중 문장을 등식으로 나타낸 것으로 옳지 <u>않</u>은 것은?

① x에서 7을 뺀 것은 x의 5배와 같다.
➡ $x-7=5x$

② x의 2배에 5를 더한 것은 x의 4배에서 9를 뺀 것과 같다. ➡ $2x+5=4x-9$

③ 한 개에 a원인 사과 4개와 1 kg에 b원인 딸기 3 kg의 가격은 10000원이다.
➡ $4a+3b=10000$

④ 100 g에 x원인 돼지고기 600 g의 값은 12000원이다. ➡ $600x=12000$

⑤ 한 변의 길이가 x인 정사각형의 둘레의 길이는 20이다. ➡ $4x=20$

02 다음 등식 중 x에 대한 항등식인 것은?

① $2x+5=7$ ② $3x-x=x$

③ $3(x+1)=3x+1$ ④ $6-x=x+6$

⑤ $2x-3x=-x$

03 다음 방정식 중 해가 $x=-2$인 것은?

① $4x-7=-1$ ② $3x-4=2$

③ $1-x=3$ ④ $6x+7=1$

⑤ $5+x=-1$

04 다음 중 옳지 <u>않은</u> 것을 모두 고르면? (정답 2개)

① $x-2=y-1$이면 $x=y+1$이다.

② $a=2b$이면 $a+3=2(b+3)$이다.

③ $\dfrac{x}{4}=\dfrac{y}{5}$이면 $5x=4y$이다.

④ $a=b$이면 $\dfrac{a}{c}=\dfrac{b}{c}$이다.

⑤ $2(a-3)=2(b-3)$이면 $a=b$이다.

05 다음은 등식의 성질을 이용하여 방정식을 푼 것이다. (가) 단계에서 이용한 등식의 성질은?
(단, c는 양수이다.)

$$4x-5=11 \xrightarrow{\text{(가)}} 4x=16 \longrightarrow x=4$$

① $a=b$이면 $a+c=b+c$이다.

② $a=b$이면 $a-c=b-c$이다.

③ $a=b$이면 $a\times c=b\times c$이다.

④ $a=b$이면 $a\div c=b\div c$이다.

⑤ $a(b+c)=ab+ac$

06 밑줄 친 항을 바르게 이항한 것은?

① $5x\underline{-1}=9$ ➡ $5x=9-1$

② $2x+3=\underline{4x}+1$ ➡ $2x+4x+3=1$

③ $5x=\underline{6x}+4$ ➡ $5x-6x=4$

④ $\underline{7}+x=2$ ➡ $x=2+7$

⑤ $x\underline{-6}=0$ ➡ $x=-6$

07 등식 $2(x-3)=-ax+1$이 일차방정식일 때, 상수 a의 값이 될 수 없는 수는?

① -2 ② -1 ③ 0
④ 1 ⑤ 2

08 다음 방정식 중 해가 나머지 넷과 <u>다른</u> 하나는?

① $2x+1=5$
② $5x-1=2x+5$
③ $5(2x-1)-3(2x-1)=6$
④ $\dfrac{5}{3}x-\dfrac{5}{2}=\dfrac{3}{4}x-\dfrac{2}{3}$
⑤ $0.2x+2=0.3(x+8)$

09 일차방정식 $5(x-3)=12-2(x-a)$의 해가 $x=-3$일 때, 상수 a의 값은?

① -24 ② -12 ③ 0
④ 12 ⑤ 24

10 [고난도] x에 대한 두 일차방정식

$$7x-a-4\left(x-\frac{7}{2}\right)=14,$$

$$\frac{2}{5}x-\frac{a-x}{4}=0.3x-0.45$$

의 해의 비가 $2:3$일 때, 상수 a의 값은?

① -6 ② -3 ③ 1
④ 3 ⑤ 6

11 어느 중학교의 작년의 전체 학생 수는 270명이었다. 올해의 남학생 수와 여학생 수는 작년에 비하여 남학생은 2 % 증가하고, 여학생은 5 % 감소하여 전체 학생 수는 267명이었다. 올해의 남학생의 수는?

① 150명   ② 153명   ③ 155명
④ 156명   ⑤ 158명

12 [고난도] 물의 흐름이 시속 4 km인 강에서 보트가 강을 거슬러서 8 km를 올라가는 데 30분이 걸렸다. 이때 흐르지 않는 물에서 이 보트의 속력은 시속 몇 km인가?

① 시속 15 km   ② 시속 20 km
③ 시속 25 km   ④ 시속 30 km
⑤ 시속 35 km

서술형

13 일차방정식 $0.3x-2=0.1x+0.8$의 해가 $x=a$ 일 때, $2a-9$의 값을 구하시오.

14 일차방정식 $10x-1=4(x-2)+3$을 푸는데 -1을 잘못 보고 풀었더니 해가 $x=-2$이었다. 이때 -1을 어떤 수로 잘못 보았는지 그 수를 구하시오.

15 x에 대한 두 일차방정식
$$x+4a-1=2(x-1),$$
$$\frac{x-3}{3}=\frac{a+x}{2}$$
의 해가 같을 때, 그 해를 구하시오.

(단, a는 상수이다.)

16 다음은 고대의 수학자 피타고라스의 제자에 관한 내용이다. 이 글에서 피타고라스의 제자는 모두 몇 명인지 구하시오.

> 내 제자의 절반은 수의 아름다움을 탐구하고, 자연의 이치를 연구하는 자가 $\frac{1}{4}$, 또 $\frac{1}{7}$의 제자들은 굳게 입을 다물고 깊은 사색에 잠겨 있다. 그 외에 여자인 제자가 세 사람이 있다. 그들이 제자의 전부이다.

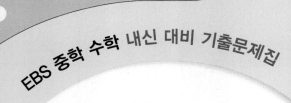

EBS 중학 수학 내신 대비 기출문제집

IV. 좌표평면과 그래프

1

순서쌍과 좌표

● 대표 유형 ●

1 수직선 위의 점의 좌표

2 좌표평면 위의 점의 좌표

3 좌표평면 위의 도형의 넓이

4 사분면

5 사분면 결정하기

6 그래프 그리기

7 그래프 해석하기

핵심 개념 1 순서쌍과 좌표

1 순서쌍과 좌표

(1) 수직선 위의 점의 좌표

① 좌표: 수직선 위의 점이 나타내는 수

② 수직선 위의 점 P의 좌표가 a일 때, 이것을 기호 P(a)로 나타낸다.

(2) 순서쌍: 두 수의 순서를 정하여 괄호 안에 짝지어 나타낸 것

참고 $a \neq b$일 때, 순서쌍 (a, b)와 (b, a)는 서로 다르다.

(3) 좌표평면

두 수직선이 점 O에서 서로 수직으로 만날 때

① x축: 가로의 수직선

② y축: 세로의 수직선

③ 좌표축: x축과 y축을 통틀어 좌표축이라고 한다.

④ 원점: 두 좌표축이 만나는 점 O

⑤ 좌표평면: 두 좌표축이 정해져 있는 평면

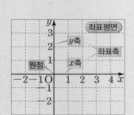

(4) 좌표평면 위의 점의 좌표

① 좌표평면 위의 한 점 P에서 x축, y축에 각각 내린 수선과 x축, y축이 만나는 점에 대응하는 수를 각각 a, b라고 할 때, 순서쌍 (a, b)를 점 P의 좌표라고 하며 기호 P(a, b)로 나타낸다.

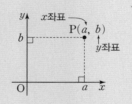

② P(a, b)에서 a를 점 P의 x좌표, b를 점 P의 y좌표라고 한다.

③ 원점 O의 좌표: $(0, 0)$

④ x축 위의 점의 좌표: (x좌표, 0)

⑤ y축 위의 점의 좌표: (0, y좌표)

2 사분면

(1) 사분면

① 좌표평면은 좌표축에 의하여 네 부분으로 나누어지며, 그 네 부분을 각각 제1사분면, 제2사분면, 제3사분면, 제4사분면이라고 한다.

② 원점과 좌표축은 어느 사분면에도 포함되지 않는다.

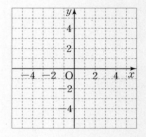

✓ 개념 체크

01 다음 수직선 위의 점 A, B, C의 좌표를 기호로 나타내시오.

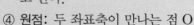

02 다음 점을 좌표평면 위에 나타내시오.

(1) A$(3, 0)$

(2) B$(-1, 2)$

(3) C$(-4, -3)$

(4) D$(2, 5)$

(5) E$(0, -2)$

03 다음 점은 어느 사분면 위에 있는지 구하시오.

(1) $(-5, 2)$

(2) $(3, 6)$

(3) $(-2, -2)$

(4) $(2, -3)$

(2) 대칭인 점의 좌표

점 (a, b)에 대하여

① x축에 대하여 대칭인 점의 좌표: $(a, -b)$

② y축에 대하여 대칭인 점의 좌표: $(-a, b)$

③ 원점에 대하여 대칭인 점의 좌표: $(-a, -b)$

3 그래프

(1) 변수

① 변수: 여러 가지로 변하는 값을 나타내는 문자

② 변수는 주로 x, y, …로 나타낸다.

(2) 그래프

① 그래프: 두 변수 사이의 관계를 좌표평면 위에 모두 나타낸 것

② 주어진 상황에 따라 그래프는 점, 직선, 곡선 등의 그림으로 나타낼 수 있다.

예 (1)

사과 1개의 가격이 모두 같을 때, 사과의 개수에 따른 총 가격의 변화를 나타낸 그래프

(2)

속력이 일정할 때 시간에 따른 속력의 변화를 나타낸 그래프

(3)

속력이 일정할 때, 시간에 따른 거리의 변화를 나타낸 그래프

(4)

일정한 온도에서 압력에 따른 기체의 부피의 변화를 나타낸 그래프

(3) 그래프 그리기

① x축과 y축에 대응하는 변수를 각각 정한다.

② x의 값에 대한 y의 값의 변화를 그림으로 그린다.

4 그래프 해석하기

(1) 그래프 해석하기

① 두 변수 사이의 증가와 감소를 쉽게 파악할 수 있다.

② 두 변수 사이의 변화의 빠르기를 쉽게 파악할 수 있다.

04 점 $(3, -1)$에 대하여 다음 점의 좌표를 구하시오.

(1) x축에 대하여 대칭인 점

(2) y축에 대하여 대칭인 점

(3) 원점에 대하여 대칭인 점

05 다음은 예선이가 강낭콩을 심어 매일 강낭콩의 키를 측정한 표이다. 강낭콩을 심은 지 x일이 지났을 때, 강낭콩의 키를 y cm라고 하자. 두 변수 x, y에 대한 그래프를 좌표평면 위에 나타내시오.

x	1	2	3	4	5
y	1	2	4	6	9

06 하연이는 운동장을 돌고 있다. 다음은 하연이가 운동장을 돌기 시작한 지 x시간이 지났을 때, 시속 y km의 변화를 나타낸 그래프이다. 각 물음에 답하시오.

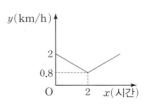

(1) 하연이의 처음 속력은 시속 몇 km인지 구하시오.

(2) 하연이의 최저 속력은 시속 몇 km인지 구하시오.

(3) 하연이가 속력을 다시 올리기 시작한 것은 출발한 지 몇 시간 후인지 구하시오.

대표 유형

01 다음 중 수직선 위의 점 A, B, C, D, E의 좌표를 기호로 나타낸 것으로 옳지 <u>않은</u> 것은?

A B C D   E
-3 -2 -1 0 1 2 3

① A(-3) ② B$\left(-\dfrac{1}{2}\right)$ ③ C(0)

④ D$\left(\dfrac{2}{3}\right)$ ⑤ E(3)

풀이 전략 수직선 위의 점의 좌표는 원점으로부터의 거리를 이용한다.

02 세 점 P, Q, R를 다음 수직선 위에 나타내시오.

$$P(-2), \quad Q\left(\dfrac{3}{2}\right), \quad R(1)$$

-3 -2 -1 0 1 2 3

03 동서로 뻗은 길에 다음과 같이 집, 학교, 도서관, 꽃집이 차례로 있다.

2 km   1 km   2.5 km
집   학교 도서관   꽃집

집, 학교, 도서관, 꽃집을 각각 점 A, O, B, C라 하고, 학교와 도서관의 위치를 각각 수직선의 0과 1에 대응시킬 때, A(a), C(c)라고 하자. 이때 $a+c$의 값은?

① 1.5   ② 2.5   ③ 3.5
④ 4.5   ⑤ 5.5

04 다음 중 좌표평면 위의 점 A, B, C, D, E의 좌표를 기호로 나타낸 것으로 옳은 것은?

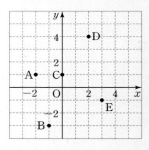

① A$(2, -1)$ ② B$(1, -2)$
③ C$(1, 0)$ ④ D$(4, 2)$
⑤ E$(3, -1)$

풀이 전략 각 점에서 x축과 y축에 각각 수선을 내려 만나는 점이 나타내는 수를 구한다.

05 다음 점의 좌표를 구하시오.

(1) x좌표가 3이고 y좌표가 -2인 점

(2) x좌표가 -1이고 y좌표가 -4인 점

(3) x좌표가 0이고 y좌표가 3인 점

06 두 순서쌍 $(2a-1, 3b-1)$과 $(a+3, b-3)$이 서로 같을 때, $a+b$의 값은?

① 1   ② 2   ③ 3
④ 4   ⑤ 5

07 다음 중 점 $(2, -3)$과 y축에 대하여 대칭인 점은?

① $(2, 3)$ ② $(-2, 3)$
③ $(2, -3)$ ④ $(-2, -3)$
⑤ $(-3, 2)$

08 점 $(a+3, 5)$가 y축 위의 점일 때, 상수 a의 값은?

① -5 ② -3 ③ 0
④ 3 ⑤ 5

09 다음 좌표평면에서 점 A의 x좌표를 a, 점 B의 y좌표를 b라고 할 때, $a+b$의 값은?

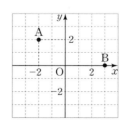

① -2 ② -1 ③ 1
④ 2 ⑤ 3

유형 **3** 좌표평면 위의 도형의 넓이

10 좌표평면 위의 세 점 A$(1, 2)$, B$(2, -1)$, C$(5, 2)$를 꼭짓점으로 하는 삼각형 ABC의 넓이는?

① 4 ② 6 ③ 8
④ 10 ⑤ 12

풀이 전략 좌표평면 위에 세 점을 나타내어 삼각형의 밑변의 길이와 높이를 구한다.

11 좌표평면 위의 세 점 A$(-1, -1)$, B$(4, 1)$, C$(-1, 3)$을 꼭짓점으로 하는 삼각형 ABC의 넓이는?

① 8 ② 10 ③ 12
④ 16 ⑤ 20

12 좌표평면 위의 네 점 A$(-1, 2)$, B$(-2, -2)$, C$(4, -2)$, D$(2, 2)$를 꼭짓점으로 하는 사각형 ABCD의 넓이는?

① 16 ② 18 ③ 20
④ 22 ⑤ 24

유형 4 사분면

13 다음 중 점의 좌표와 그 점이 속하는 사분면을 바르게 짝지은 것은?

① $(3, 0)$: 제1사분면
② $(-2, -1)$: 제2사분면
③ $(-4, 5)$: 제3사분면
④ $(1, -6)$: 제4사분면
⑤ $(3, 5)$: 제2사분면

> **풀이 전략** 각 사분면 위의 점의 x좌표, y좌표의 부호를 파악한다.

14 다음 중 제3사분면 위의 점은?

① $(1, 3)$　　　② $(-2, 4)$
③ $(-5, -6)$　　④ $(3, -2)$
⑤ $(0, -5)$

15 다음 중 옳지 <u>않은</u> 것은?

① 점 $(1, 4)$는 제1사분면 위의 점이다.
② x축 위의 점은 어느 사분면에도 속하지 않는다.
③ x축과 y축이 만나는 점의 좌표는 어느 사분면에도 속하지 않는다.
④ x좌표와 y좌표가 모두 음수인 점은 제4사분면 위의 점이다.
⑤ x좌표가 -2, y좌표가 5인 점은 제2사분면 위의 점이다.

유형 5 사분면 결정하기

16 점 $P(a, b)$가 제2사분면 위의 점일 때, 점 $Q(ab, -a)$는 어느 사분면 위의 점인가?

① 제1사분면
② 제2사분면
③ 제3사분면
④ 제4사분면
⑤ 어느 사분면에도 속하지 않는다.

> **풀이 전략** x좌표, y좌표의 부호를 판별하여 사분면을 결정한다.

17 점 $(a, -b)$가 제3사분면 위의 점일 때, 다음 점은 어느 사분면 위의 점인지 구하시오.

(1) (b, a)

(2) $(ab, a-b)$

(3) $\left(\dfrac{a}{b}, 2b \right)$

18 점 (a, b)가 제4사분면 위의 점일 때, 다음 중 항상 옳은 것은?

① $ab > 0$　　　② $\dfrac{2a}{b} > 0$
③ $a - 4b > 0$　　④ $4a + b > 0$
⑤ $a + 4b > 0$

유형 6 그래프 그리기

19 오른쪽 그림과 같은 물병에 시간당 일정한 양의 물을 넣으려고 한다. 시간 x초와 물의 높이 y cm 사이의 관계를 나타낸 그래프로 알맞은 것은?

① 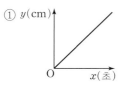 ②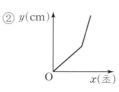

③ 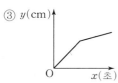 ④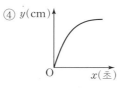

⑤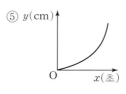

풀이 전략 변수 x의 값에 따른 y의 값의 변화를 점에서 선으로 연결한다.

20 재영이는 동생과 나이 차이가 2살이 난다. 재영이의 나이가 x살일 때, 동생의 나이를 y살이라고 하자. 다음 표를 완성하고, 두 변수 x와 y 사이의 관계를 그래프로 나타내시오.

x	3	4	5	6	7	8
y						

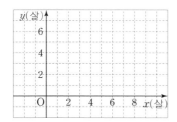

유형 7 그래프 해석하기

21 오른쪽 그림은 태형이가 집에서 출발하여 학교까지 가는 데 걸린 시간 x분과 걸은 거리 y m 사이의 관계를 그래프로 나타낸 것이다. 다음 설명 중 옳은 것은?

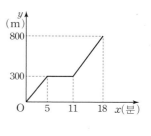

① 집에서 학교까지 거리는 500 m이다.
② 집에서 학교까지 가는 데 총 걸린 시간은 11분이다.
③ 집에서 학교까지 가는 데 6분 동안 잠시 멈췄다.
④ 집에서 출발한 지 7분이 지났을 때의 속력은 분속 300 m이다.
⑤ 집에서부터 300 m까지 가는 데 총 6분이 걸렸다.

풀이 전략 x의 값이 변함에 따라 y의 값이 커지는지, 일정한지 파악한다.

22 다음은 어느 도시의 하루 동안 기온의 변화를 그래프로 나타낸 것이다. 이날의 최고 기온을 a °C, 최저 기온을 b °C라고 할 때, $a+2b$의 값은?

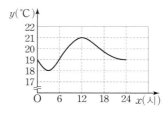

① 55　　② 56　　③ 57
④ 58　　⑤ 59

① 수직선 위의 점의 좌표

01 다음 중 수직선 위의 점 A, B, C, D, E의 좌표를 기호로 나타낸 것으로 옳지 <u>않은</u> 것은?

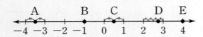

① A(−4.5)　　　② B(−1)
③ C(0.5)　　　④ D(2.75)
⑤ E(4)

② 좌표평면 위의 점의 좌표

02 좌표평면에서 x축 위의 점이고, x좌표가 −3인 점의 좌표는?

① (−3, 0)　　　② (0, −3)
③ (−3, −3)　　④ (3, 0)
⑤ (0, 3)

② 좌표평면 위의 점의 좌표

03 다음 좌표평면 위에 세 점 A(2, 0), B(3, −1), C(−2, −4)를 나타내시오.

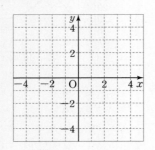

② 좌표평면 위의 점의 좌표

04 원점이 아닌 점 (a, b)가 y축 위에 있을 때, 다음 중 항상 옳은 것은?

① $a+b>0$　　　② $a-b>0$
③ $ab>0$　　　④ $a=0, b\ne0$
⑤ $a\ne0, b=0$

② 좌표평면 위의 점의 좌표

05 두 점 A$(a-4, 2b+1)$, B$(3a, -b+4)$가 x축에 대하여 대칭일 때, $a-b$의 값은?

① −5　　　② −2　　　③ −1
④ 2　　　⑤ 3

③ 좌표평면 위의 도형의 넓이

06 좌표평면 위의 서로 다른 세 점 A$(a, 3)$, B$(-1, -2)$, C$(4, 3)$을 꼭짓점으로 하는 삼각형 ABC의 넓이가 15일 때, 다음 중 a의 값이 될 수 있는 것은?

① −3　　　② 1　　　③ 5
④ 7　　　⑤ 10

④ 사분면

07 〈보기〉에서 점 $(-2, 5)$와 같은 사분면 위의 점의 개수는?

┤ 보기 ├
ㄱ. $(1, 3)$　　　　ㄴ. $(-1, 1)$
ㄷ. $(4, 0)$　　　　ㄹ. $(-2, -4)$
ㅁ. $(2, -5)$　　　ㅂ. $(5, -3)$
ㅅ. $(0, -4)$　　　ㅇ. $(-3, -3)$

① 1　　　　　② 2　　　　　③ 3
④ 4　　　　　⑤ 5

⑤ 사분면 결정하기

08 점 $P(ab, a-b)$가 제3사분면 위의 점이고 $|a| < |b|$일 때, $Q\left(a+b, \dfrac{a}{b}\right)$는 어느 사분면 위의 점인가?

① 제1사분면　　　　② 제2사분면
③ 제3사분면　　　　④ 제4사분면
⑤ 어느 사분면에도 속하지 않는다.

⑥ 그래프 그리기

09 두 자연수 x, y에 대하여 $xy=12$일 때, 다음 표를 완성하고 두 변수 x와 y 사이의 관계를 그래프로 나타내시오.

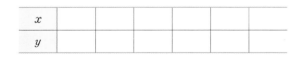

x						
y						

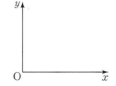

⑥ 그래프 그리기

10 길이가 10 cm인 양초에 불을 붙이면 1분에 0.5 cm씩 일정한 속도로 줄어든다. 불을 붙인 지 x분이 지났을 때 남은 양초의 길이를 y cm라고 할 때, 두 변수 x와 y 사이의 관계를 나타낸 그래프로 알맞은 것은?

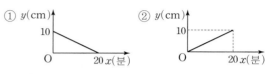
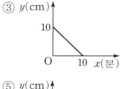
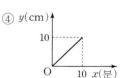
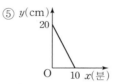

⑦ 그래프 해석하기

11 다음은 어느 자동차의 시간에 따른 속력의 변화를 그래프로 나타낸 것이다. 다음 설명 중 옳지 <u>않은</u> 것은?

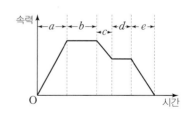

① a구간에서 자동차의 속력은 높아진다.
② b구간에서 자동차의 속력은 일정하다.
③ d구간에서 자동차는 멈춰 있다.
④ e구간에서 자동차의 속력이 낮아져 멈춘다.
⑤ b구간의 속력이 d구간의 속력보다 높다.

1

좌표평면에서 x축 위에 있는 두 점 $A(a+1,\ b-1)$, $B(3b,\ a-3)$과 점 $C(a+b,\ -ab)$를 꼭짓점으로 하는 삼각형 ABC의 넓이를 구하시오.

1 -1

좌표평면에서 y축 위에 있는 두 점 $A\left(\dfrac{1}{2}a-1,\ \dfrac{1}{3}b-1\right)$, $B(2b+4,\ a-2)$와 점 $C(a,\ b)$를 꼭짓점으로 하는 삼각형 ABC의 넓이를 구하시오.

2

좌표평면 위의 세 점 $O(0,\ 0)$, $A(2,\ 2)$, $B(1,\ -4)$를 꼭짓점으로 하는 삼각형 OAB의 넓이를 구하시오.

2 -1

좌표평면 위의 세 점 $A(0,\ 1)$, $B(2,\ -1)$, $C(5,\ 3)$을 꼭짓점으로 하는 삼각형 ABC의 넓이를 구하시오.

좌표평면 위의 네 점 A(3, 3), B(3, −4), C(−2, −4), D(−2, 3)을 꼭짓점으로 하는 사각형 ABCD가 있다. 점 P(a, b)가 이 사각형의 둘레 위에 있을 때, $a-b$의 최댓값을 구하시오.

좌표평면 위의 네 점 A(−5, 6), B(−5, −3), C(2, −3), D(2, 6)을 꼭짓점으로 하는 사각형 ABCD가 있다. 점 P(a, b)가 이 사각형의 둘레 위에 있을 때, $b-a$의 최댓값을 구하시오.

어느 주차장의 주차 요금은 다음과 같다. x시간 주차할 때의 요금을 y원이라고 하자. 두 변수 x와 y 사이의 관계를 그래프로 나타내시오.

(가) 최초 한 시간까지는 2000원이다.
(나) 1시간 이후에는 매 시간마다 1000원씩 요금이 추가된다.

어느 온라인 사이트에서 꽃의 가격과 배송비는 다음과 같다. 꽃을 x송이 주문할 때 지불해야 하는 금액을 y원이라고 하자. 두 변수 x와 y 사이의 관계를 그래프로 나타내시오.

(가) 꽃은 한 송이에 4000원이다.
(나) 기본 배송비는 3000원이고 전체 주문금액이 15000원 이상 구매 시, 배송비는 무료이다.

서술형 집중 연습

순서쌍과 좌표

 1

점 $(a-2,\ a+3)$은 x축 위의 점이고,
점 $(1-b,\ b+3)$은 y축 위의 점일 때, $a+b$의 값을 구하시오.

풀이 과정

점 $(a-2,\ a+3)$은 x축 위의 점이므로 ◻좌표가 0이다.
즉, $a+3=0$이므로 $a=$◻
점 $(1-b,\ b+3)$은 y축 위의 점이므로 ◻좌표가 0이다.
즉, $1-b=0$이므로 $b=$◻
따라서 $a+b=$◻

유제 1

점 $\left(2a+4,\ \dfrac{1}{2}a-3\right)$은 x축 위의 점이고,
점 $(-3b,\ b-1)$은 y축 위의 점일 때, $a+b$의 값을 구하시오.

예제 2

제4사분면 위의 점 $P(a,\ b)$와 x축에 대하여 대칭인 점을 Q, 점 P와 원점에 대하여 대칭인 점을 R, 점 P와 y축에 대하여 대칭인 점을 S라고 하자. 사각형 PQRS의 넓이가 20일 때, ab의 값을 구하시오.

풀이 과정

점 P가 제4사분면 위의 점이므로 a◻0, b◻0이다.
점 P와 x축에 대하여 대칭인 점 Q의 좌표는 ◻,
점 P와 원점에 대하여 대칭인 점 R의 좌표는 ◻,
점 P와 y축에 대하여 대칭인 점 S의 좌표는 ◻이다.
이때 사각형 PQRS는 직사각형이다.
a◻0, b◻0이므로
가로의 길이는 $2a$, 세로의 길이는 ◻이다.
사각형 PQRS의 넓이가 20이므로
$2a\times$◻$=20$
따라서 $ab=$◻

유제 2

제3사분면 위의 점 $P(a,\ b)$와 x축에 대하여 대칭인 점을 Q, 점 P와 원점에 대하여 대칭인 점을 R, 점 P와 y축에 대하여 대칭인 점을 S라고 하자. $ab=10$일 때, 사각형 PQRS의 넓이를 구하시오.

60 ┃ 수학 1-1 기말고사 대비

좌표평면 위의 세 점 A$(2, 3)$, B$(4, -1)$, C$(-1, -1)$을 꼭짓점으로 하는 삼각형 ABC의 넓이를 구하시오.

> **풀이 과정**
>
> 삼각형 ABC에서 선분 BC를 밑변이라고 하면 높이는 점 A에서 선분 BC까지의 거리이다.
> 이때 선분 BC의 길이는 ◯$-(-1)=$◯이고,
> 높이는 ◯$-(-1)=$◯이다.
> 따라서 삼각형 ABC의 넓이는
> $\dfrac{1}{2} \times 5 \times$◯$=$◯

 좌표평면 위의 세 점 A$(-1, 4)$, B$(2, 2)$, C$(-1, -2)$를 꼭짓점으로 하는 삼각형 ABC의 넓이를 구하시오.

 다음은 아린이가 집에서 출발하여 도서관에 다녀왔을 때, 시간에 따른 집에서 떨어진 거리를 나타낸 그래프이다. 아린이가 도서관에 머문 시간을 a분, 집에서 도서관까지의 거리를 b m라고 할 때, $2a+b$의 값을 구하시오.

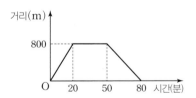

> **풀이 과정**
>
> 아린이가 집에서 출발한 지 ◯분이 되었을 때, 도서관에 도착하였다. 집에서 출발한 지 ◯분이 되었을 때, 도서관에서 출발하여 집으로 돌아왔으므로 도서관에 머문 시간은 총 ◯분이다.
> 따라서 $a=$◯
> 한편, 집에서 도서관까지의 거리는 ◯ m이므로 $b=$◯
> 따라서 $2a+b=$◯

 다음은 주원이가 집에서 출발하여 서점에 다녀왔을 때, 시간에 따른 집에서 떨어진 거리를 나타낸 그래프이다. 주원이가 서점에 머문 시간을 a분, 집에서 서점까지의 거리를 b m라고 할 때, $b-a$의 값을 구하시오.

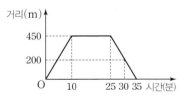

01 수직선 위의 두 점 A(3), B(−1)의 한가운데 위치한 점을 M이라고 할 때, 점 M의 좌표를 기호로 나타내면?

① M(−1) ② M(0) ③ M(1)
④ M(2) ⑤ M(3)

02 두 자연수 a, b에 대하여 $a+b=4$를 만족하는 순서쌍 (a, b)의 개수는?

① 1 ② 2 ③ 3
④ 4 ⑤ 5

03 다음 중 좌표평면 위의 다섯 개의 점 A, B, C, D, E의 좌표를 기호로 나타낸 것으로 옳지 <u>않은</u> 것은?

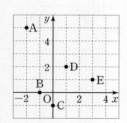

① A(−2, 5) ② B(−1, 0)
③ C(0, −1) ④ D(2, 1)
⑤ E(3, 1)

04 좌표평면 위에 다음 순서쌍을 좌표로 하는 점을 차례대로 선분으로 연결하였을 때, 생기는 알파벳은?

$$(-2, -1) \rightarrow (-2, 3) \rightarrow (1, 3) \rightarrow (1, 1) \rightarrow (-2, 1)$$

① C ② M ③ N
④ P ⑤ U

05 점 $(2, a)$와 y축에 대하여 대칭인 점이 $(b+1, -3)$일 때, $a+b$의 값은?

① −6 ② −4 ③ −2
④ 0 ⑤ 2

06 좌표평면 위의 네 점 A(−2, 4), B(5, 4), C(5, −1), D(−2, −1)을 꼭짓점으로 하는 사각형 ABCD의 둘레의 길이는?

① 8 ② 12 ③ 16
④ 18 ⑤ 24

07 다음 중 제2사분면 위의 점이 <u>아닌</u> 것은?

① x좌표가 −1이고 y좌표가 4인 점
② 점 $(4, -2)$와 원점에 대하여 대칭인 점
③ 점 $(1, 3)$과 x축에 대하여 대칭인 점
④ 점 $(-3, -3)$과 x축에 대하여 대칭인 점
⑤ 두 음수 a, b에 대하여 점 $(a+b, ab)$

08 $ab<0$, $a-b>0$일 때, 점 $(a, -b)$는 어느 사분면 위의 점인가?

① 제1사분면   ② 제2사분면

③ 제3사분면   ④ 제4사분면

⑤ 어느 사분면에도 속하지 않는다.

09 그네가 일정하게 움직이고 있을 때, 시간 x초와 그네의 높이 y m 사이의 관계를 나타낸 그래프로 알맞은 것은?

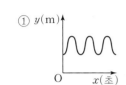
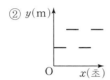
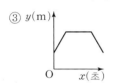
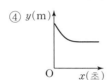
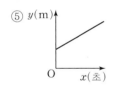

10 오른쪽은 장난감 자동차의 경과 시간에 따른 움직인 거리의 변화를 나타낸 그래프이다. 다음 중 장난감 자동차에 대한 설명으로 옳은 것은?

① 자동차는 움직이다가 3분 동안 잠시 멈췄다가 다시 움직인다.

② 자동차는 움직이다가 3분 동안 속력이 일정하다가 다시 움직인다.

③ 자동차는 처음 5분 동안 속력이 일정하게 증가하다가 잠시 멈춘다.

④ 자동차는 처음 8분 동안 계속 움직이다가 속력이 일정해진다.

⑤ 자동차는 움직이다가 8분 이후 멈춘다.

11 다음은 희진이의 키의 변화를 기간에 따라 나타낸 그래프이다. 희진이의 키가 가장 많이 자란 기간은?

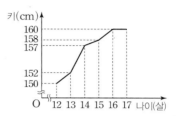

① 12세~13세   ② 13세~14세

③ 14세~15세   ④ 15세~16세

⑤ 16세~17세

고난도

12 호우는 일정한 속력으로 회전하는 대관람차를 탔다. 시간에 따른 호우의 지면으로부터 높이 변화를 나타낸 그래프가 다음과 같을 때, 〈보기〉에서 옳은 것을 모두 고른 것은?

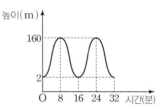

◀ 보기 ▶

ㄱ. 관람차가 가장 높이 올라갔을 때의 지면으로부터 높이는 158 m이다.

ㄴ. 호우는 관람차를 타고 두 바퀴 돌았다.

ㄷ. 관람차가 한 바퀴 돌 때 걸리는 시간은 8분이다.

ㄹ. 24분이 지났을 때 호우의 지면으로부터 높이는 160 m이다.

① ㄱ, ㄴ   ② ㄱ, ㄷ   ③ ㄴ, ㄷ

④ ㄴ, ㄹ   ⑤ ㄷ, ㄹ

13 점 $(2a, b)$와 x축에 대하여 대칭인 점의 좌표가 $(4, 6)$이다. 점 $(a+b, a-b)$와 원점에 대하여 대칭인 점의 좌표를 구하시오.

14 좌표평면 위의 서로 다른 세 점 $A(3, a)$, $B(-1, 0)$, $C(3, 3)$에 대하여 삼각형 ABC는 둔각삼각형이고 그 넓이는 6일 때, a의 값을 구하시오.

15 $2x+3y=20$을 만족시키는 두 자연수 x, y의 순서쌍 (x, y)를 다음 좌표평면 위에 그래프로 나타내시오.

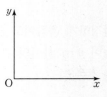

16 다음은 A 호스와 B 호스로 각각 물통에 물을 채울 때, 물을 채우는 시간에 따른 받은 물의 양 사이의 관계를 그래프로 나타낸 것이다. 부피가 180L인 빈 물통을 A 호스와 B 호스로 동시에 물통을 가득 채우는 데 몇 분이 걸리는지 구하시오.

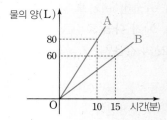

중단원 실전 테스트 2회

01 수직선 위의 세 점 A(-4), B(b), O(0)에 대하여 (선분 AO의 길이) : (선분 BO의 길이)$=2 : 3$일 때, 양수 b의 값은?

① 2　　　　② 3　　　　③ 4
④ 5　　　　⑤ 6

02 두 순서쌍 $\left(\dfrac{2}{3}a, -1\right)$, $(-2, 2b+3)$이 서로 같을 때, $a-b$의 값은?

① -5　　　② -3　　　③ -1
④ 3　　　　⑤ 5

03 다음 중 점 (a, b)와 x축에 대하여 대칭인 점은?

① $(a, 0)$　　　　② $(0, b)$
③ $(-a, b)$　　　④ $(a, -b)$
⑤ $(-a, -b)$

고난도

04 좌표평면 위의 세 점 A$(1, 0)$, B$(5, 0)$, P(a, b)가 다음 조건을 모두 만족시킬 때, $a+2b$의 값은?

> (가) 점 P는 제1사분면 위의 점이다.
> (나) 선분 PA의 길이와 선분 PB의 길이는 서로 같다.
> (다) 삼각형 ABP의 넓이는 12이다.

① 3　　　　② 6　　　　③ 9
④ 12　　　⑤ 15

05 오른쪽 좌표평면에서 점 A의 좌표를 (a, b), 점 B의 좌표를 (c, d)라고 할 때, $a-b+c-d$의 값은?

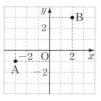

① -5　　　② -3　　　③ -1
④ 1　　　　⑤ 3

06 좌표평면 위의 네 점 A(a, b), B$(-2, 3)$, C(c, d), D$(2, -4)$를 꼭짓점으로 하는 직사각형 ABCD가 있다. 직사각형 ABCD의 네 변이 각각 좌표축에 평행하고 $b>0$일 때, $a+d$의 값은?

① -2　　　② -1　　　③ 0
④ 1　　　　⑤ 2

07 점 P$(a+b, ab)$가 제2사분면 위의 점일 때, 다음 중 점 P와 같은 사분면 위에 있는 점은?

① (a, b)　　　　② $(-a, b)$
③ $(a, -b)$　　　④ $(-a, -b)$
⑤ $(ab, a+b)$

08 $a > 0$, $b < 0$일 때, 다음 중 옳은 것은?

① 점 (a, b)는 제1사분면 위의 점이다.

② 점 $(-a, -b)$는 제3사분면 위의 점이다.

③ 점 $(ab, -b)$는 제3사분면 위의 점이다.

④ 점 $\left(\dfrac{a}{b}, a\right)$는 제2사분면 위의 점이다.

⑤ 점 $(a-b, b-a)$는 제1사분면 위의 점이다.

09 한 변의 길이가 x cm인 정사각형의 넓이를 y cm²라고 하자. 두 변수 x와 y 사이의 관계를 그래프로 나타내었을 때, 다음 중 그래프 위의 점이 <u>아닌</u> 것은?

① $(1, 1)$　　② $(2, 2)$　　③ $\left(\dfrac{3}{2}, \dfrac{9}{4}\right)$

④ $(3, 9)$　　⑤ $(7, 49)$

10 오른쪽 그림과 같은 물병에 시간당 일정한 양의 물을 넣으려고 한다. 경과 시간에 따른 물의 높이의 변화를 나타낸 그래프로 알맞은 것은?

① 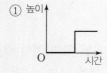　②

③ 　④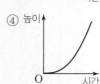

⑤

11 오른쪽 그림은 마라톤에 참가한 세 학생 A, B, C가 출발점에서 동시에 출발하여 반환점을 돌아오는 데 걸린 시간에 따른 출발점으로부터의 거리를 나타낸 그래프이다. (가) 반환점에 가장 먼저 도착한 학생과 (나) 출발점에 가장 먼저 돌아온 학생을 차례로 나열한 것은?

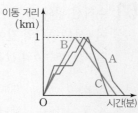

	(가)	(나)
①	A	B
②	A	C
③	B	A
④	B	C
⑤	C	B

고난도

12 스카이다이빙은 비행기에서 뛰어내려 자유낙하를 하다가 지상 가까이에서 낙하산을 펴서 속력을 줄인 후, 일정한 속력으로 착륙하는 스포츠이다. 스카이다이빙을 할 때, 시간에 따른 속력의 변화를 나타낸 그래프에 대한 설명으로 〈보기〉에서 옳은 것을 모두 고른 것은?

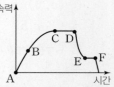

┤ 보기 ├

ㄱ. A~B 구간에서 속력이 증가한다.

ㄴ. C~D 구간에서 같은 높이에 머물러 있다.

ㄷ. D~E 구간에서 낙하산을 펴서 속력이 감소한다.

ㄹ. E~F 구간에서 속력이 감소한다.

① ㄱ, ㄴ　　② ㄱ, ㄷ　　③ ㄴ, ㄷ

④ ㄴ, ㄹ　　⑤ ㄷ, ㄹ

서술형

13 좌표평면 위의 두 점 $(a-1, a+2)$, $(2b, 2b-4)$가 모두 어느 사분면에도 속하지 않을 때, 순서쌍 (a, b)가 될 수 있는 것을 모두 나열하시오.

14 점 $P(2, -4)$와 x축에 대하여 대칭인 점을 Q, 점 P와 원점에 대하여 대칭인 점을 R라고 할 때, 삼각형 PQR의 넓이를 구하시오.

15 다음은 이산화탄소의 농도에 따른 광합성 속도를 나타낸 그래프이다. 다음 빈칸에 알맞은 단어를 써넣으시오.

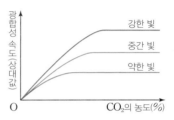

빛의 세기가 일정할 때, 이산화탄소의 농도가 높아지면 광합성 속도는 (1) _____.
그러나 어느 농도 이상에서는 광합성 속도가 (2) _____.
한편, 빛의 세기가 (3) _____ 광합성 속도는 증가한다. 즉, 같은 이산화탄소의 농도에서 약한 빛보다 강한 빛이 있는 경우에 광합성 속도는 (4) _____.

16 지후와 시아는 동시에 같은 지점에서 출발하여 목적지를 향해 일정한 속력으로 걸어갔다. 다음은 시간에 따른 두 사람의 이동한 거리를 나타낸 그래프이다. 출발 후 30분이 되었을 때, 두 사람 사이의 거리를 구하시오.

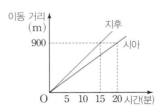

Ⅳ. 좌표평면과 그래프

2

정비례와 반비례

● 대표 유형 ●

1 정비례 관계

2 정비례 관계 $y=ax(a \neq 0)$의 그래프

3 반비례 관계

4 반비례 관계 $y=\dfrac{a}{x}(a \neq 0)$의 그래프

5 그래프 위의 점

6 그래프와 도형의 넓이

7 정비례, 반비례 관계의 활용

❷ 정비례와 반비례

❶ 정비례

(1) **정비례**: 두 변수 x, y에 대하여 x의 값이 2배, 3배, 4배, …로 변함에 따라 y의 값도 2배, 3배, 4배, …가 되는 관계가 있으면 y는 x에 정비례한다고 한다.

(2) **정비례의 성질**

① y가 x에 정비례할 때, $y=ax\,(a\neq0)$ 꼴이다.

예 $y=2x$, $y=-\dfrac{1}{3}x$

② y가 x에 정비례할 때, $\dfrac{y}{x}\,(x\neq0)$의 값은 일정하다.

❷ 정비례 관계 $y=ax\,(a\neq0)$의 그래프

(1) **정비례 관계 $y=ax\,(a\neq0)$의 그래프의 특징**

	$a>0$일 때	$a<0$일 때
그래프	(그래프)	(그래프)
그래프의 모양	원점을 지나고, 오른쪽 위(↗)로 향하는 직선	원점을 지나고, 오른쪽 아래(↘)로 향하는 직선
지나는 사분면	제1사분면, 제3사분면	제2사분면, 제4사분면
증가 · 감소	x의 값이 증가하면 y의 값도 증가한다.	x의 값이 증가하면 y의 값은 감소한다.
a의 값에 따른 그래프의 모양	a의 값이 클수록 y축에 가까워진다.	a의 값이 작을수록 y축에 가까워진다.
	$|a|$의 값이 클수록 y축에 가까워진다.	

(2) **정비례 관계 $y=ax\,(a\neq0)$의 그래프 그리기**

① $y=ax\,(a\neq0)$에서 x의 값이 정해져 있지 않을 때는 x의 값이 수 전체일 때로 생각한다.

② $y=ax\,(a\neq0)$의 그래프는 원점을 지나는 직선이므로 원점 O와 그래프가 지나는 또 다른 한 점의 좌표를 찾아 연결하면 그래프를 쉽게 그릴 수 있다.

③ $y=ax\,(a\neq0)$의 그래프가 점 $(p,\ q)$를 지날 때, $y=ax$에 $x=p$, $y=q$를 대입하면 등식이 성립한다.

✓ 개념 체크

01 y가 x에 정비례할 때, 다음 물음에 답하시오.

(1) 다음 표를 완성하시오.

x	-2	-1	0	1	2
y	3				

(2) y를 x에 대한 식으로 나타내시오.

02 정비례 관계 $y=ax$의 그래프가 다음과 같을 때, 상수 a의 값을 구하시오.

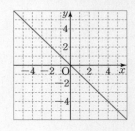

03 다음 정비례 관계의 그래프를 그리시오.

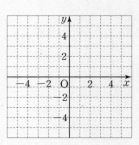

(1) $y=\dfrac{2}{3}x$

(2) $y=-3x$

(3) $y=4x$

③ 반비례

(1) **반비례**: 두 변수 x, y에 대하여 x의 값이 2배, 3배, 4배, …로 변함에 따라 y의 값은 $\frac{1}{2}$배, $\frac{1}{3}$배, $\frac{1}{4}$배, …가 되는 관계가 있으면 y는 x에 반비례한다고 한다.

(2) **반비례의 성질**

① y가 x에 반비례할 때, $y=\dfrac{a}{x}(a\neq0)$ 꼴이다.

　예 $y=\dfrac{3}{x}$, $y=-\dfrac{4}{x}$

② y가 x에 반비례할 때, $xy(x\neq0)$의 값은 일정하다.

④ 반비례 관계 $y=\dfrac{a}{x}(a\neq0)$의 그래프

(1) **반비례 관계 $y=\dfrac{a}{x}(a\neq0)$의 그래프의 특징**

	$a>0$일 때	$a<0$일 때
그래프	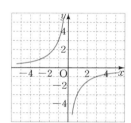	
그래프의 모양	점 $(1, a)$를 지나고 두 좌표축에 점점 가까워지면서 한없이 뻗어 나가는 한 쌍의 매끄러운 곡선	
지나는 사분면	제1사분면, 제3사분면	제2사분면, 제4사분면
a의 값에 따른 그래프의 모양	a의 값이 클수록 원점에서 멀어진다.	a의 값이 작을수록 원점에서 멀어진다.
	$\|a\|$의 값이 클수록 원점에서 멀어진다.	

(2) **반비례 관계 $y=\dfrac{a}{x}(a\neq0)$의 그래프 그리기**

① $y=\dfrac{a}{x}(a\neq0)$에서 x의 값이 정해져 있지 않을 때는 x의 값이 0이 아닌 수 전체일 때로 생각한다.

② $y=\dfrac{a}{x}(a\neq0)$의 그래프가 점 (p, q)를 지날 때, $y=\dfrac{a}{x}$에 $x=p$, $y=q$를 대입하면 등식이 성립한다.

04 y가 x에 반비례할 때, 다음 물음에 답하시오.

(1) 다음 표를 완성하시오.

x	-2	-1	1	2
y				3

(2) y를 x에 대한 식으로 나타내시오.

05 반비례 관계 $y=\dfrac{a}{x}$의 그래프가 다음과 같을 때, 상수 a의 값을 구하시오.

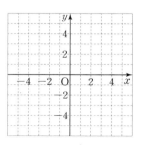

06 다음 반비례 관계의 그래프를 그리시오.

(1) $y=\dfrac{4}{x}$

(2) $y=-\dfrac{2}{x}$

(3) $y=-\dfrac{5}{x}$

유형 1 정비례 관계

01 다음 중 y가 x에 정비례하지 <u>않는</u> 것은?

① 한 개에 500원인 아이스크림 x개의 가격은 y원이다.

② 가로의 길이가 x cm, 세로의 길이가 y cm 인 직사각형의 넓이는 30 cm²이다.

③ 시속 30 km로 달리는 자동차가 x시간 동안 달린 거리는 y km이다.

④ 한 변의 길이가 x cm인 정삼각형의 둘레의 길이는 y cm이다.

⑤ 주차 요금이 한 시간에 3000원인 주차장에 x시간 주차하였을 때의 요금은 y원이다.

풀이 전략 x와 y 사이의 관계를 식으로 나타내고 $y=ax\,(a\neq0)$ 꼴인지 확인한다.

02 다음 중 y가 x에 정비례하는 것은?

① $xy=3$ ② $y=x+2$ ③ $y=x-1$

④ $y=x$ ⑤ $y=\dfrac{2}{x}$

03 y가 x에 정비례하고, $x=2$일 때 $y=6$이다. $y=9$일 때 x의 값은?

① 3 ② 4 ③ 5
④ 6 ⑤ 7

유형 2 정비례 관계 $y=ax\,(a\neq0)$의 그래프

04 다음 중 정비례 관계 $y=2x$의 그래프에 대한 설명으로 옳지 <u>않은</u> 것은?

① 원점을 지난다.

② 점 $(-2, -4)$를 지난다.

③ 오른쪽 위로 향하는 직선이다.

④ 제1사분면과 제3사분면을 지난다.

⑤ x의 값이 증가하면 y의 값은 감소한다.

풀이 전략 정비례 관계의 그래프를 좌표평면 위에 그려 본다.

05 다음 중 정비례 관계 $y=-\dfrac{1}{3}x$의 그래프는?

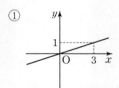 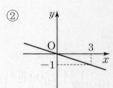

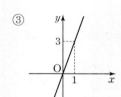 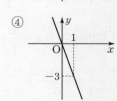

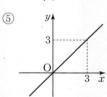

06 다음 정비례 관계의 그래프 중 x축에 가장 가까운 것은?

① $y=-5x$ ② $y=-2x$

③ $y=-\dfrac{3}{2}x$ ④ $y=\dfrac{1}{3}x$

⑤ $y=4x$

유형 3 반비례 관계

07 다음 중 x의 값이 2배, 3배, 4배, …로 변함에 따라 y의 값은 $\frac{1}{2}$배, $\frac{1}{3}$배, $\frac{1}{4}$배, …가 되는 것은?

① $y = x + 2$ ② $y = 2x$ ③ $y = \frac{2}{x}$

④ $y = \frac{x}{2}$ ⑤ $y = \frac{1}{x} + 2$

> **풀이 전략** 반비례 관계의 식을 찾는다.

08 다음 중 y가 x에 반비례하는 것은?

① 무게가 500 g인 케이크를 x조각으로 나눌 때, 1조각의 무게는 y g이다.
② 하루에 책을 10쪽씩 읽을 때, x일 동안 읽은 쪽수는 y쪽이다.
③ 1 L에 1500원인 휘발유 x L의 가격은 y원이다.
④ 두 살 차이 나는 형제의 형의 나이가 x살일 때, 동생의 나이는 y살이다.
⑤ 분속 40 m로 x분 동안 이동한 거리는 y m이다.

09 y가 x에 반비례할 때, x와 y 사이의 관계를 표로 나타내면 다음과 같다. 이때 $a + b$의 값은?

x	-2	3	b
y	a	-4	1

① -18 ② -6 ③ 6
④ 12 ⑤ 18

유형 4 반비례 관계 $y = \frac{a}{x} (a \neq 0)$의 그래프

10 다음 중 오른쪽 반비례 관계의 그래프에 대한 설명으로 옳은 것은?

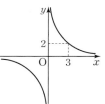

① 원점을 지난다.
② $\frac{y}{x}$의 값이 항상 일정하다.
③ x의 값이 2배, 3배, 4배, …로 변함에 따라 y의 값도 2배, 3배, 4배, …가 된다.
④ $x > 0$일 때, x의 값이 증가하면 y의 값은 감소한다.
⑤ 점 $\left(\frac{1}{3}, \frac{1}{2} \right)$을 지난다.

> **풀이 전략** 반비례 관계의 그래프를 보고 반비례 관계의 식을 구하고 성질을 파악한다.

11 오른쪽 그래프를 식으로 나타낸 것은?

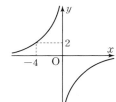

① $y = \frac{2}{x}$ ② $y = \frac{4}{x}$
③ $y = \frac{8}{x}$ ④ $y = -\frac{4}{x}$
⑤ $y = -\frac{8}{x}$

12 반비례 관계 $y = -\frac{4}{x}$의 그래프에 대한 설명 중 옳지 <u>않은</u> 것은?

① 점 $(2, -2)$를 지난다.
② 좌표축과 만나지 않는다.
③ 제2사분면과 제4사분면을 지나는 한 쌍의 매끄러운 곡선이다.
④ $x > 0$일 때, x의 값이 증가하면 y의 값은 증가한다.
⑤ 반비례 관계 $y = -\frac{6}{x}$의 그래프보다 원점에서 더 멀다.

그래프 위의 점

13 오른쪽 그림과 같이
정비례 관계 $y=ax$의
그래프가 두 점
$(-3, 2)$와 $(b, -1)$
을 지날 때, $3a+2b$의
값은? (단, a는 상수이다.)

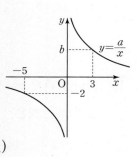

① -2 ② -1 ③ 0
④ 1 ⑤ 2

> **풀이 전략** $y=ax\,(a\neq0)$의 그래프가 점 (p, q)를 지날 때,
> $y=ax$에 $x=p$, $y=q$를 대입하면 등식이 성립한다.

14 점 $(a, 2a-1)$이 정비례 관계 $y=3x$의 그래프
위에 있을 때, a의 값은?

① -2 ② -1 ③ 0
④ 1 ⑤ 2

15 오른쪽 그림과 같이
반비례 관계 $y=\dfrac{a}{x}$의
그래프가 두 점
$(-5, -2)$와 $(3, b)$
를 지날 때, $2a-3b$의
값은? (단, a는 상수이다.)

① -20 ② -10 ③ 0
④ 10 ⑤ 20

16 오른쪽 그림과 같이 정
비례 관계 $y=ax$의 그
래프와 반비례 관계
$y=-\dfrac{8}{x}$의 그래프가
점 $(4, b)$에서 만날 때, $a+b$의 값은?
(단, a는 상수이다.)

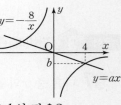

① -4 ② $-\dfrac{7}{2}$ ③ $-\dfrac{5}{2}$
④ $-\dfrac{3}{2}$ ⑤ $-\dfrac{1}{2}$

그래프와 도형의 넓이

17 오른쪽 그림과 같이 정
비례 관계 $y=-\dfrac{4}{3}x$의
그래프에서 삼각형
AOB의 넓이는?

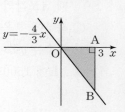

① 3 ② 6 ③ 9
④ 12 ⑤ 15

> **풀이 전략** 두 점 A, B의 좌표를 구한 후 선분의 길이를 찾아
> 넓이를 구한다.

18 오른쪽 그림과 같이 반비례
관계 $y=\dfrac{a}{x}\,(x>0)$의 그래프
위의 한 점 A에서 x축, y축
위에 수선을 내렸을 때 만나
는 점을 각각 B, C라고 하자. 사각형 OBAC의
넓이가 8일 때, 상수 a의 값은?

① 2 ② 4 ③ 8
④ 16 ⑤ 64

◯ 정답과 풀이 36쪽

19 오른쪽 그림은 반비례 관계 $y=-\dfrac{6}{x}$의 그래프이고 점 A는 이 그래프 위의 점이다. 이때 직사각형 ABOC의 넓이는?

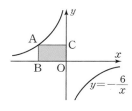

① 6　　　　② 12　　　　③ 24

④ 36　　　　⑤ 48

20 오른쪽 그림과 같이 정비례 관계 $y=3x$와 $y=-6x$의 그래프에 대하여 y좌표가 3인 점을 각각 A, B라고 하자. 삼각형 OAB의 넓이는?

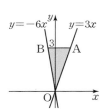

① $\dfrac{3}{4}$　　　② $\dfrac{3}{2}$　　　③ $\dfrac{9}{4}$

④ $\dfrac{9}{2}$　　　⑤ 3

유형 7 정비례, 반비례 관계의 활용

21 1분에 3 L씩 물이 나오는 호스로 60 L의 물통을 가득 채우는 데 몇 분이 걸리는가?

① 10분　　　② 20분　　　③ 30분

④ 40분　　　⑤ 50분

풀이 전략 변화하는 두 양을 x, y로 놓고 두 변수 사이의 식을 구한 후 문제에서 요구하는 값을 구한다.

22 14명이 3시간 작업을 하면 끝나는 일이 있다. 이 일을 2명이 작업하여 끝내려면 몇 시간이 걸리는가? (단, 사람이 일하는 속도는 모두 같다.)

① 7시간　　　② 14시간　　　③ 21시간

④ 28시간　　　⑤ 35시간

23 어떤 물체의 달에서의 무게는 지구에서의 무게의 $\dfrac{1}{6}$배이다. 지구에서의 무게를 x, 달에서의 무게를 y라고 할 때, (가) x와 y 사이의 관계를 나타내는 식과 (나) 지구에서의 무게가 12 kg인 물체의 달에서의 무게를 바르게 구한 것은?

	(가)	(나)
①	$y=\dfrac{1}{6}x$	2 kg
②	$y=\dfrac{1}{6}x$	72 kg
③	$y=6x$	2 kg
④	$y=6x$	36 kg
⑤	$y=6x$	72 kg

24 집에서 도서관에 갈 때, 분속 30 m로 가면 20분이 걸린다고 한다. 15분 만에 가려면 분속 몇 m로 가야 하는가? (단, 이동 속도는 일정하다.)

① 분속 35 m　　　② 분속 40 m

③ 분속 45 m　　　④ 분속 50 m

⑤ 분속 60 m

① 정비례 관계

01 〈보기〉에서 y가 x에 정비례하는 것을 모두 고른 것은?

보기
ㄱ. $y = -x$ ㄴ. $y = x - 1$
ㄷ. $\dfrac{y}{x} = 3$ ㄹ. $y = \dfrac{3}{x}$

① ㄱ, ㄴ   ② ㄱ, ㄷ   ③ ㄱ, ㄹ
④ ㄴ, ㄷ   ⑤ ㄴ, ㄹ

① 정비례 관계

02 y가 x에 정비례할 때, x와 y 사이의 관계를 표로 나타내면 다음과 같다. 이때 ab의 값은?

x	-3	1	b
y	2	a	$-\dfrac{1}{2}$

① -2 ② $-\dfrac{1}{2}$ ③ $\dfrac{1}{2}$
④ 2 ⑤ 3

① 정비례 관계

03 x의 값이 2배, 3배, 4배, …로 변함에 따라 y의 값도 2배, 3배, 4배, …가 되고, $x = 2$일 때 $y = \dfrac{1}{2}$이다. $y = -1$일 때 x의 값은?

① -4 ② $-\dfrac{1}{2}$ ③ $-\dfrac{1}{4}$
④ $\dfrac{1}{4}$ ⑤ 4

② 정비례 관계 $y = ax(a \neq 0)$의 그래프

04 다음 정비례 관계의 그래프 중 지나는 사분면이 나머지 넷과 다른 하나는?

① $y = -5x$ ② $y = -\dfrac{3}{2}x$
③ $y = -\dfrac{1}{5}x$ ④ $y = -\dfrac{x}{2}$
⑤ $y = 3x$

② 정비례 관계 $y = ax(a \neq 0)$의 그래프

05 다음 중 정비례 관계 $y = -3x$의 그래프에 대한 설명으로 옳은 것을 모두 고르면? (정답 2개)

① 점 $(-1, -3)$을 지난다.
② 제1사분면과 제2사분면을 지난다.
③ 오른쪽 아래로 향하는 직선이다.
④ x의 값이 증가하면 y의 값도 증가한다.
⑤ 정비례 관계 $y = -2x$의 그래프보다 y축에 더 가깝다.

② 정비례 관계 $y = ax(a \neq 0)$의 그래프

06 오른쪽 그림은 아래 정비례 관계를 그래프로 나타낸 것이다. ①~⑤의 그래프와 그래프를 나타내는 식을 바르게 연결한 것은?

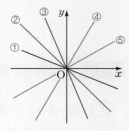

$y = -x,$ $y = 2x,$ $y = \dfrac{2}{3}x,$
$y = -3x,$ $y = -\dfrac{1}{2}x$

① $y = -x$ ② $y = -\dfrac{1}{2}x$ ③ $y = -3x$
④ $y = \dfrac{2}{3}x$ ⑤ $y = 2x$

③ 반비례 관계

07 y가 x에 반비례하고 $x=-2$일 때 $y=-\dfrac{5}{2}$이다. 이때 x와 y 사이의 관계를 식으로 나타내면?

① $y=-\dfrac{5}{x}$ ② $y=-\dfrac{x}{5}$

③ $y=\dfrac{5}{x}$ ④ $y=\dfrac{5}{2x}$

⑤ $y=\dfrac{x}{5}$

③ 반비례 관계

08 xy의 값이 -8로 일정할 때, 다음 중 옳지 <u>않은</u> 것은?

① y가 x에 반비례한다.
② $y=2$일 때 $x=-4$이다.
③ $x=-1$일 때 $y=8$이다.
④ x의 값이 2배가 되면 y의 값은 -4배가 된다.
⑤ x와 y 사이의 관계를 식으로 나타내면 $y=-\dfrac{8}{x}$이다.

④ 반비례 관계 $y=\dfrac{a}{x}(a\neq 0)$의 그래프

09 반비례 관계 $y=-\dfrac{3}{x}$의 그래프에 대한 설명으로 옳은 것을 〈보기〉에서 모두 고른 것은?

┤ 보기 ├
ㄱ. 원점을 지난다.
ㄴ. 제2사분면과 제4사분면을 지난다.
ㄷ. $x<0$일 때, x의 값이 증가하면 y의 값이 증가한다.
ㄹ. 반비례 관계 $y=\dfrac{3}{x}$의 그래프와 만난다.

① ㄱ, ㄴ   ② ㄱ, ㄷ   ③ ㄱ, ㄹ
④ ㄴ, ㄷ   ⑤ ㄴ, ㄹ

④ 반비례 관계 $y=\dfrac{a}{x}(a\neq 0)$의 그래프

10 반비례 관계 $y=\dfrac{a}{x}$의 그래프가 오른쪽 그림과 같을 때, 상수 a의 값은?

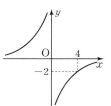

① -8 ② -4

③ -2 ④ 4

⑤ 8

④ 반비례 관계 $y=\dfrac{a}{x}(a\neq 0)$의 그래프

11 두 반비례 관계 $y=\dfrac{a}{x}$, $y=-\dfrac{3}{x}$의 그래프가 오른쪽 그림과 같을 때, 다음 중 상수 a의 값이 될 수 있는 것은?

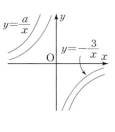

① -5 ② -1 ③ 1
④ 3 ⑤ 5

⑤ 그래프 위의 점

12 정비례 관계 $y=3x$의 그래프가 점 $(a+1,\ 2a-2)$를 지날 때, a의 값은?

① -5 ② -4 ③ -3
④ -2 ⑤ -1

⑤ 그래프 위의 점

13 정비례 관계 $y=ax$의 그래프가 점 $(3, -6)$을 지날 때, 다음 중 이 그래프 위에 있는 점은?

(단, a는 0이 아닌 상수이다.)

① $(1, 2)$　　　　② $(4, -2)$

③ $(6, -3)$　　　④ $(-2, 4)$

⑤ $(-3, -6)$

⑤ 그래프 위의 점

14 정비례 관계 $y=ax$의 그래프가 점 $(2, 6)$을 지나고 반비례 관계 $y=\dfrac{b}{x}$의 그래프가 점 $(-4, 2)$를 지날 때, 상수 a, b에 대하여 $a+b$의 값은?

① -5　　　　② -1　　　　③ 7

④ 11　　　　⑤ 14

⑤ 그래프 위의 점

15 반비례 관계 $y=\dfrac{9}{x}$의 그래프 위의 점 중에서 x좌표와 y좌표가 모두 정수인 점의 개수는?

① 1　　　　② 3　　　　③ 6

④ 8　　　　⑤ 9

⑤ 그래프 위의 점

16 오른쪽 그림에서 정비례 관계 $y=-\dfrac{2}{3}x$의 그래프와 반비례 관계 $y=\dfrac{a}{x}$의 그래프가 점 A에서 만난다. 점 A의 y좌표가 4일 때, 상수 a의 값은?

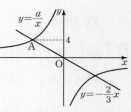

① -24　　　② -20　　　③ -16

④ -12　　　⑤ -8

⑥ 그래프와 도형의 넓이

17 정비례 관계 $y=ax(a>0)$의 그래프 위의 한 점 A에서 y축에 수직인 직선을 그어 y축과 만나는 점을 B라고 하자. 선분 AB의 길이가 4이고 삼각형 OAB의 넓이가 20일 때, 상수 a의 값은?

(단, O는 원점이다.)

① $\dfrac{1}{5}$　　　② $\dfrac{2}{5}$　　　③ $\dfrac{4}{5}$

④ $\dfrac{5}{2}$　　　⑤ 5

⑥ 그래프와 도형의 넓이

18 오른쪽 그림과 같이 x좌표가 각각 $-4, 4$인 두 점 A, C가 반비례 관계 $y=\dfrac{a}{x}$의 그래프 위에 있다. 직사각형 ABCD의 넓이가 40일 때, 상수 a의 값은?

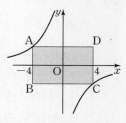

(단, 직사각형 ABCD의 네 변은 각각 x축 또는 y축에 평행하다.)

① -40　　　② -30　　　③ -20

④ -10　　　⑤ -5

6 그래프와 도형의 넓이

19 오른쪽 그림과 같이 좌표평면 위의 세 점 O(0, 0), A(4, 0), B(0, 6)을 꼭짓점으로 하는 삼각형 OAB가 있다. 정비례 관계 $y=ax$의 그래프가 삼각형 OAB의 넓이를 이등분할 때, 상수 a의 값은?

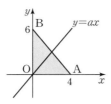

① $-\dfrac{3}{2}$ ② $-\dfrac{2}{3}$ ③ $\dfrac{2}{3}$

④ $\dfrac{3}{2}$ ⑤ 2

7 정비례, 반비례 관계의 활용

20 두 톱니바퀴 A, B가 서로 맞물려 돌아가고 있다. 톱니가 15개인 톱니바퀴 A가 1분 동안 x바퀴 회전할 때, 톱니가 30개인 톱니바퀴 B는 1분 동안 y바퀴 회전한다고 한다. x와 y 사이의 관계를 식으로 나타내면?

① $y=\dfrac{1}{2}x$ ② $y=2x$ ③ $y=\dfrac{2}{x}$

④ $y=\dfrac{15}{x}$ ⑤ $y=\dfrac{30}{x}$

7 정비례, 반비례 관계의 활용

21 어떤 제품을 만드는 데 직원 8명이 15일 동안 일해야 완성된다고 한다. 12일만에 제품을 완성하려면 몇 명의 직원이 일해야 하는가? (단, 모든 직원의 일하는 속도는 동일하다.)

① 9명   ② 10명   ③ 12명

④ 15명   ⑤ 18명

7 정비례, 반비례 관계의 활용

22 오른쪽 그림과 같은 직사각형 ABCD에서 점 P는 점 B에서 출발하여 변 BC를 따라 점 C까지 움직인다. 선분 BP의 길이를 x cm, 삼각형 ABP의 넓이를 y cm²라고 할 때, x와 y 사이의 관계를 식으로 나타내면? (단, $0<x\le30$)

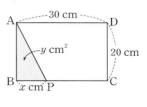

① $y=10x$ ② $y=15x$ ③ $y=20x$

④ $y=25x$ ⑤ $y=30x$

7 정비례, 반비례 관계의 활용

23 부피가 100 cm³인 직육면체의 밑넓이를 x cm²라고 할 때, 높이는 y cm이다. x와 y 사이의 관계를 그래프로 바르게 나타낸 것은?

① 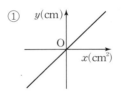   ②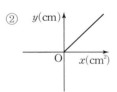

③ 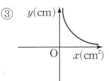   ④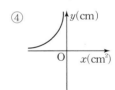

⑤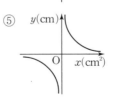

7 정비례, 반비례 관계의 활용

24 자전거를 1시간 동안 탈 때, 120 kcal의 열량이 소모된다고 한다. 600 kcal의 열량을 소모하기 위해서는 자전거를 몇 시간 타야 하는가?

① 2시간   ② 3시간   ③ 4시간

④ 5시간   ⑤ 6시간

1

오른쪽 그림과 같이 두 점 A, C는 각각 정비례 관계 $y=5x$, $y=\frac{5}{3}x$ 의 그래프 위의 점이고, 점 A의 x 좌표는 1이다. 정사각형 ABCD 의 넓이를 구하시오. (단, 정사각 형 ABCD의 네 변은 x축 또는 y축에 평행하다.)

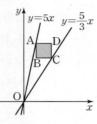

1 -1

오른쪽 그림과 같이 두 점 A, C는 각각 정비례 관계 $y=\frac{8}{3}x$, $y=ax$의 그래프 위 의 점이고, 점 A의 x좌표는 2 이다. 정사각형 ABCD의 한 변의 길이가 3일 때, 상수 a의 값을 구하시오. (단, 정사각형 ABCD의 네 변은 x축 또는 y축에 평행하다.)

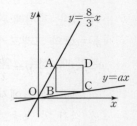

2

오른쪽 그림과 같이 좌표평 면 위에 세 점 $A(2, 5)$, $B(5, 5)$, $C(5, 0)$이 있다. 정비례 관계 $y=ax$의 그래 프가 사다리꼴 AOCB의 넓 이를 이등분할 때, 상수 a의 값을 구하시오.

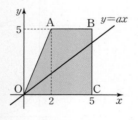

2 -1

오른쪽 그림과 같이 좌표 평면 위에 세 점 $A(-7, 0)$, $B(-7, 4)$, $C(-3, 4)$가 있다. 정비 례 관계 $y=ax$의 그래프 가 사다리꼴 AOCB의 넓이를 이등분할 때, 상수 a의 값을 구하시오.

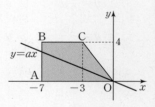

3

오른쪽 그림과 같이 정비례 관계 $y=ax$의 그래프가 반비례 관계 $y=\dfrac{2}{x}$, $y=\dfrac{b}{x}$의 그래프와 제1사분면에서 만나는 점을 각각 P, Q라고 하자.

(점 P의 x좌표) : (점 Q의 x좌표)$=1:3$일 때, b의 값을 구하시오. (단, a, b는 상수이다.)

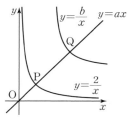

3 -1

오른쪽 그림과 같이 정비례 관계 $y=ax$의 그래프가 반비례 관계 $y=\dfrac{b}{x}$, $y=\dfrac{6}{x}$의 그래프와 제1사분면에서 만나는 점을 각각 P, Q라고 하자.

(점 P의 x좌표) : (점 Q의 x좌표)$=1:2$일 때, b의 값을 구하시오. (단, a, b는 상수이다.)

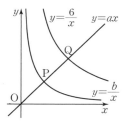

4

오른쪽 그림과 같이 반비례 관계 $y=\dfrac{a}{x}$ $(x>0)$의 그래프 위에 두 점 A$(6,\ k)$, B$(9,\ 2)$가 있다. 점 A에서 x축, y축에 내린 수선과 x축, y축이 만나는 점을 각각 C, D라고 하자. 정비례 관계 $y=bx$의 그래프가 선분 AD와 만나는 점을 P라고 할 때, 삼각형 OPD의 넓이는 사각형 OCAD의 넓이의 $\dfrac{1}{3}$이다. 상수 a, b의 값을 각각 구하시오.

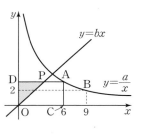

4 -1

오른쪽 그림과 같이 반비례 관계 $y=\dfrac{8}{x}$ $(x>0)$의 그래프 위에 점 A$(k,\ 2)$가 있다. 점 A에서 x축, y축에 내린 수선과 x축, y축이 만나는 점을 각각 B, C라고 하자. 정비례 관계 $y=ax$의 그래프가 선분 AC와 만나는 점을 P라고 할 때, 삼각형 OPC의 넓이는 사각형 OBAC의 넓이의 $\dfrac{1}{4}$이다. 상수 a의 값을 구하시오.

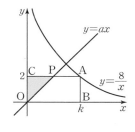

서술형 집중 연습

 예제 1

정비례 관계 $y=ax$의 그래프가 세 점 $(-5, 10)$, $(4, b)$, $(c, -14)$를 지날 때, $a+b+c$의 값을 구하시오. (단, a는 상수이다.)

풀이 과정

정비례 관계 $y=ax$의 그래프가 점 $(-5, 10)$을 지나므로
$\boxed{}=-5a$, $a=\boxed{}$
$y=ax$의 그래프가 점 $(4, b)$를 지나므로
$b=\boxed{} \times 4 = \boxed{}$
$y=ax$의 그래프가 점 $(c, -14)$를 지나므로
$-14=\boxed{} \times c$, $c=\boxed{}$
따라서 $a+b+c=\boxed{}$

유제 1

반비례 관계 $y=\dfrac{a}{x}$의 그래프가 세 점 $(3, 6)$, $(-2, b)$, $(c, -18)$을 지날 때, $a+b+c$의 값을 구하시오. (단, a는 상수이다.)

예제 2

오른쪽 그림과 같이 정비례 관계 $y=ax$의 그래프가 선분 AB와 만나기 위한 상수 a의 값의 범위를 구하시오.

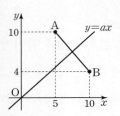

풀이 과정

선분 AB가 제1사분면 위에 있으므로 $y=ax$의 그래프가 제1사분면을 지나려면 a는 양수이다.
이때 a의 값이 클수록 $y=ax$의 그래프는 y축에 $\boxed{}$
$y=ax$의 그래프가 선분 AB와 만나려면
a의 값이 가장 클 때는 점 A를 지나고
a의 값이 가장 작을 때는 점 $\boxed{}$를 지나야 한다.
$y=ax$의 그래프가 점 $A(5, \boxed{})$을 지나면
$\boxed{}=5a$이므로 $a=\boxed{}$
$y=ax$의 그래프가 점 $B(\boxed{}, 4)$를 지나면
$4=\boxed{} \times a$이므로 $a=\boxed{}$
따라서 $\boxed{} \leq a \leq \boxed{}$이다.

유제 2

오른쪽 그림과 같이 정비례 관계 $y=ax$의 그래프가 선분 AB와 만나기 위한 상수 a의 값의 범위를 구하시오.

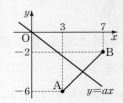

○ 정답과 풀이 41쪽

 3

오른쪽 그림과 같이 반비례 관계 $y=\dfrac{a}{x}\,(x>0)$의 그래프 위의 두 점 P와 Q의 y좌표의 차가 2일 때, 상수 a의 값을 구하시오.

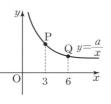

> **풀이 과정**
>
> 점 P의 x좌표는 3이므로 y좌표는 $\dfrac{\boxed{}}{\boxed{}}$이고,
>
> 점 Q의 x좌표는 $\boxed{}$이므로 y좌표는 $\dfrac{\boxed{}}{\boxed{}}$이다.
>
> y좌표의 차는 $\dfrac{a}{3}-\dfrac{a}{6}=\dfrac{\boxed{}}{\boxed{}}$이므로 $\dfrac{a}{\boxed{}}=2$
>
> 따라서 $a=\boxed{}$

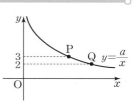 **3**

오른쪽 그림과 같이 반비례 관계 $y=\dfrac{a}{x}\,(x>0)$의 그래프 위의 두 점 P와 Q의 x좌표의 차가 3일 때, 상수 a의 값을 구하시오.

 4

오른쪽 그림과 같이 반비례 관계 $y=\dfrac{8}{x}$의 그래프 위에 있는 점 A에서 y축에 수직인 직선을 그어 정비례 관계 $y=-x$의 그래프와 만나는 점을 B라고 하자. 점 A의 x좌표가 2일 때, 삼각형 OAB의 넓이를 구하시오.

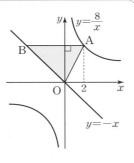

> **풀이 과정**
>
> 점 A의 x좌표가 2이므로 y좌표는 $\boxed{}$이다.
> 점 A와 점 B의 y좌표가 같으므로
> 점 B의 y좌표는 $\boxed{}$이고, x좌표는 $\boxed{}$이다.
> 삼각형 OAB에서 선분 AB의 길이는 $\boxed{}$이고 점 O에서 선분 AB까지의 거리는 $\boxed{}$이다.
> 따라서 삼각형 OAB의 넓이는
> $\dfrac{1}{2}\times\boxed{}\times\boxed{}=\boxed{}$

 4

오른쪽 그림과 같이 반비례 관계 $y=-\dfrac{12}{x}$의 그래프 위에 있는 점 A에서 x축에 수직인 직선을 그어 정비례 관계 $y=\dfrac{1}{2}x$의 그래프와 만나는 점을 B라고 하자. 점 A의 y좌표가 -3일 때, 삼각형 OAB의 넓이를 구하시오.

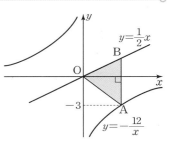

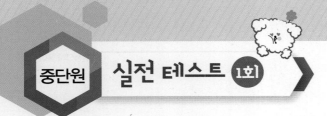

01 다음 중 $\dfrac{y}{x}$의 값이 일정한 것은?

① $y=x+2$ ② $y=x-2$

③ $y=2-x$ ④ $y=2\times x$

⑤ $y=2\div x$

02 〈보기〉에서 y가 x에 정비례하는 것을 모두 고른 것은?

┤보기├

ㄱ. 1분에 20장을 인쇄하는 프린터로 x분 동안 인쇄할 수 있는 종이의 수 y장

ㄴ. 윗변의 길이가 x, 아랫변의 길이가 3, 높이가 4인 사다리꼴의 넓이 y

ㄷ. 하루에 물을 1 L씩 마실 때 x일 동안 마신 물의 양 y L

ㄹ. 200쪽의 책을 하루에 x쪽씩 읽을 때 걸리는 일수 y일

① ㄱ, ㄴ   ② ㄱ, ㄷ   ③ ㄴ, ㄷ

④ ㄴ, ㄹ   ⑤ ㄷ, ㄹ

03 정비례 관계 $y=ax$의 그래프가 두 점 $(k, 1)$, $(3, -9)$를 지날 때, $\dfrac{a}{k}$의 값은?

(단, a는 상수이다.)

① -9 ② -3 ③ 1

④ 3 ⑤ 9

04 오른쪽 그림과 같은 그래프가 점 $(a, -8)$을 지날 때, a의 값은?

① -9 ② -6

③ 3 ④ 6

⑤ 9

05 y가 x에 반비례할 때, x와 y 사이의 관계를 표로 나타내면 다음과 같다. 이때 $a+b$의 값은?

x	3	-2	b
y	a	6	-12

① -5 ② -3 ③ -1

④ 3 ⑤ 5

06 다음 반비례 관계의 그래프 중 원점에서 가장 멀리 떨어진 것은?

① $y=-\dfrac{6}{x}$ ② $y=-\dfrac{3}{x}$

③ $y=-\dfrac{1}{2x}$ ④ $y=\dfrac{2}{x}$

⑤ $y=\dfrac{5}{x}$

07 오른쪽 그림과 같은 정비례 관계의 그래프가 점 $\left(2-\dfrac{1}{2}a,\ 4\right)$를 지날 때, 반비례 관계 $y=\dfrac{a}{x}$의 그래프 위의 점인 것은? (단, a는 상수이다.)

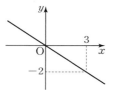

① $(1,\ 8)$ ② $(2,\ -8)$ ③ $(4,\ -2)$
④ $(8,\ 2)$ ⑤ $(16,\ -2)$

10 오른쪽 그래프를 식으로 나타낸 것으로 옳은 것은?

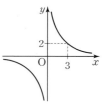

① $y=-\dfrac{6}{x}$ ② $y=-\dfrac{3}{x}$
③ $y=\dfrac{2}{x}$ ④ $y=\dfrac{3}{x}$
⑤ $y=\dfrac{6}{x}$

08 고난도 오른쪽 그림과 같이 정비례 관계 $y=ax$의 그래프가 선분 AB와 만나기 위한 정수 a의 개수는?

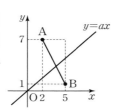

① 1   ② 2   ③ 3
④ 4   ⑤ 5

11 고난도 두 정비례 관계 $y=3x$, $y=-2x$의 그래프가 점 $(2,\ 0)$을 지나고 y축에 평행한 직선과 만나는 점을 각각 A, B라고 하자. 삼각형 AOB의 넓이는?

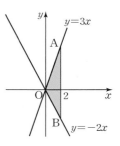

① 5   ② 10   ③ 15
④ 20   ⑤ 20

09 y가 x에 반비례하고 $x=-4$일 때, $y=\dfrac{5}{2}$이다. x와 y 사이의 관계를 식으로 나타내면?

① $y=-\dfrac{20}{x}$ ② $y=-\dfrac{10}{x}$
③ $y=-\dfrac{4}{x}$ ④ $y=\dfrac{10}{x}$
⑤ $y=\dfrac{20}{x}$

12 톱니가 각각 50개, 20개인 두 톱니바퀴 A, B가 서로 맞물려 돌아가고 있다. 톱니바퀴 A가 4바퀴 회전할 때, 톱니바퀴 B는 몇 바퀴 회전하는가?

① 6바퀴   ② 8바퀴   ③ 10바퀴
④ 12바퀴   ⑤ 14바퀴

서술형

13 정비례 관계 $y=-2x$의 그래프가 점 $(a-1, 2a+6)$을 지날 때, a의 값을 구하시오.

15 정비례 관계 $y=3x$의 그래프와 반비례 관계 $y=\dfrac{a}{x}$의 그래프가 오른쪽 그림과 같을 때, 두 그래프가 만나는 점 A의 x좌표는 2이다. 상수 a의 값을 구하시오.

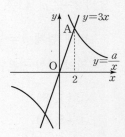

14 오른쪽 그림과 같이 정비례 관계 $y=-\dfrac{1}{2}x$의 그래프 위의 한 점 P에서 x축, y축에 평행한 직선을 그어 정비례 관계 $y=3x$의 그래프와 만나는 점을 각각 Q, R라고 하자. 점 P의 x좌표가 4일 때, 삼각형 QPR의 넓이를 구하시오.

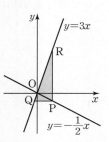

고난도
16 반비례 관계 $y=\dfrac{4}{x}$의 그래프 위의 두 점 $\mathrm{A}\left(a, \dfrac{4}{a}\right)$, $\mathrm{B}\left(b, \dfrac{4}{b}\right)$와 반비례 관계 $y=\dfrac{1}{x}$의 그래프 위의 두 점 $\mathrm{C}\left(a, \dfrac{1}{a}\right)$, $\mathrm{D}\left(b, \dfrac{1}{b}\right)$에 대하여 삼각형 ABC의 넓이와 삼각형 BCD의 넓이의 비가 $5:4$일 때, $\dfrac{a}{b}$의 값을 구하시오.
(단, $b>a>0$)

01 y가 x에 정비례하고 $x=-1$일 때 $y=4$이다. 다음 중 이 정비례 관계의 그래프 위에 있는 점은?

① $(-4, 1)$ ② $(-2, -2)$

③ $(2, -8)$ ④ $(3, -6)$

⑤ $(4, -1)$

02 x의 값이 자연수일 때, 다음 중 정비례 관계 $y=-2x$의 그래프는?

① 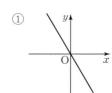   ②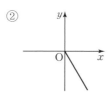

③ 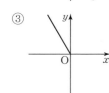   ④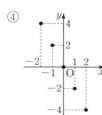

⑤

03 다음 중 y가 x에 반비례하는 것은?

① 1개에 2000원인 복숭아 x개의 가격 y원

② 1개의 컵에 200 mL 우유를 따를 때 x개의 컵에 따르는 우유 전체의 양 y mL

③ 밑변의 길이가 x cm, 높이가 20 cm인 평행사변형의 넓이 y cm²

④ 용량이 200 L인 빈 물통에 매분 x L씩 일정하게 물을 넣어 물통을 가득 채우는 데 걸리는 시간 y분

⑤ 4점짜리 문제를 x개 맞혔을 때 받는 점수 y점

04 y가 x에 반비례하는 그래프가 두 점 $\left(a, \dfrac{5}{3}\right)$, $(2, -5)$를 지날 때, a의 값은?

① -12 ② -6 ③ -3

④ 3 ⑤ 6

05 〈보기〉의 그래프 중 제2사분면을 지나는 것의 개수는?

┌─◀ 보기 ▶─────────────────────┐

ㄱ. $y=3x$ ㄴ. $4x+y=0$

ㄷ. $\dfrac{y}{x}=-1$ ㄹ. $y=\dfrac{-2}{x}$

ㅁ. $xy+3=0$ ㅂ. $y-\dfrac{1}{x}=0$

└──────────────────────────────┘

① 1   ② 2   ③ 3

④ 4   ⑤ 5

06 다음 그래프 중 지나는 사분면이 나머지 넷과 다른 하나는?

① $x+2y=0$ ② $\dfrac{y}{x}=-\dfrac{2}{3}$

③ $xy-6=0$ ④ $y=-\dfrac{3}{x}$

⑤ $y=-\dfrac{x}{4}$

07 점 (a, b)가 제2사분면 위의 점일 때, 〈보기〉에서 옳은 것을 모두 고른 것은?

┌──── 보기 ────
ㄱ. 정비례 관계 $y=ax$의 그래프는 오른쪽 위로 향하는 직선이다.
ㄴ. 반비례 관계 $y=\dfrac{b}{x}$의 그래프는 제1사분면을 지난다.
ㄷ. 정비례 관계 $y=(a-b)x$의 그래프는 x의 값이 증가할 때 y의 값도 증가한다.
ㄹ. 정비례 관계 $y=ax$와 반비례 관계 $y=\dfrac{b}{x}$의 그래프는 서로 만나지 않는다.
└─────────────

① ㄱ, ㄴ   ② ㄱ, ㄷ   ③ ㄱ, ㄹ
④ ㄴ, ㄹ   ⑤ ㄷ, ㄹ

고난도

08 오른쪽 그림과 같이 정비례 관계 $y=\dfrac{6}{5}x$의 그래프 위의 제1사분면 위의 한 점 A에서 x축에 내린 수선이 x축과 만나는 점을 B라고 하자. 정비례 관계 $y=ax$의 그래프가 삼각형 AOB의 넓이를 이등분할 때, 상수 a의 값은?

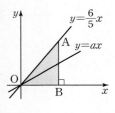

① $\dfrac{1}{5}$ ② $\dfrac{2}{5}$ ③ $\dfrac{3}{5}$
④ $\dfrac{4}{5}$ ⑤ 1

09 반비례 관계 $y=\dfrac{8}{x}$의 그래프 위의 점 중에서 x좌표와 y좌표가 모두 정수인 점의 개수는?

① 4   ② 6   ③ 8
④ 10   ⑤ 12

10 정비례 관계 $y=ax$의 그래프와 반비례 관계 $y=\dfrac{b}{x}$의 그래프가 오른쪽 그림과 같이 점 $(5, 3)$에서 만날 때, 두 상수 a, b에 대하여 ab의 값은?

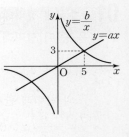

① 3   ② 5   ③ 9
④ 15   ⑤ 25

고난도

11 오른쪽 그림과 같이 정비례 관계 $y=3x$의 그래프의 제1사분면 위의 한 점 A에서 x축, y축에 수직인 직선을 그어 정비례 관계 $y=\dfrac{3}{2}x$의 그래프와 만나는 점을 각각 B, C라고 하자. 선분 AB의 길이가 9일 때, 선분 AC의 길이는?

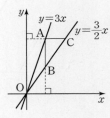

① 2   ② 4   ③ 6
④ 8   ⑤ 10

12 100 km의 거리를 시속 x km로 가면 y시간이 걸릴 때, x와 y 사이의 관계를 식으로 나타내면?

① $y=x+100$ ② $y=x-100$
③ $y=100x$ ④ $y=\dfrac{x}{100}$
⑤ $y=\dfrac{100}{x}$

서술형

13 정비례 관계 $y=ax$의 그래프와 반비례 관계 $y=-\dfrac{6}{x}(x>0)$의 그래프가 오른쪽 그림과 같이 점 $(2, b)$에서 만날 때, $a-b$의 값을 구하시오. (단, a는 상수이다.)

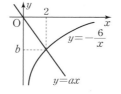

고난도

15 오른쪽 그림에서 정사각형 ADCB의 꼭짓점 A는 정비례 관계 $y=ax$의 그래프 위에 있고, 꼭짓점 B는 반비례 관계 $y=\dfrac{10}{x}(x>0)$의 그래프 위에 있다. 점 C의 좌표가 $(5, 0)$일 때, 상수 a의 값을 구하시오.

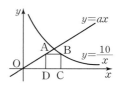

고난도

14 오른쪽 그림과 같이 제1사분면 위의 두 점 A, C가 각각 정비례 관계 $y=4x$, $y=\dfrac{3}{2}x$의 그래프 위의 점이다. 정사각형 ABCD의 한 변의 길이가 3일 때, 점 A의 좌표를 구하시오. (단, 정사각형 ABCD의 네 변은 x축 또는 y축에 평행하다.)

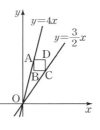

16 다음 문장을 식으로 나타내고, y가 x에 정비례인지 반비례인지 말하시오.

> 바둑돌 100개를 직사각형 모양으로 한 줄에 x개씩 y줄로 배열한다.

부록

1 실전 모의고사 1회

2 실전 모의고사 2회

3 실전 모의고사 3회

4 최종 마무리 50제

실전 모의고사 1회

점수　　　　　점　　이름

1. 선택형 20문항, 서술형 5문항으로 되어 있습니다.
2. 주어진 문제를 잘 읽고, 알맞은 답을 답안지에 정확하게 표기하시오.

01 식 $x \times 3 - 2 \div y$에서 곱셈 기호와 나눗셈 기호를 생략하여 바르게 나타낸 것은? [3점]

① $-6xy$　　　② $-\dfrac{3x}{2y}$　　　③ $-\dfrac{6x}{y}$

④ $3x - \dfrac{2}{y}$　　⑤ $3x - \dfrac{y}{2}$

02 다음 중 문자를 사용한 식으로 나타낸 것으로 옳은 것은? [4점]

① 십의 자리의 숫자가 a이고 일의 자리의 숫자가 3인 수는 $3a$이다.
② 농구 경기에서 3점 슛을 x개, 2점 슛을 y개 성공하였을 때 점수는 $(3x + 2y)$점이다.
③ 10초에 60 m 달리는 학생이 x초 동안 달린 거리는 $60x$ m이다.
④ 가로의 길이가 x m, 세로의 길이가 y m인 직사각형의 둘레의 길이는 $(x + y)$ m이다.
⑤ 3으로 나누었을 때 몫이 a이고 나머지가 b인 수는 $3ab$이다.

03 다음 중 다항식 $2x - \dfrac{y}{4} - 2$에 대한 설명으로 옳지 <u>않은</u> 것은? [4점]

① 항은 3개이다.
② 다항식의 차수는 1이다.
③ x의 계수는 2이다.
④ y의 계수는 -4이다.
⑤ 상수항은 -2이다.

04 $2a + 4 - 4a + 1$을 간단히 하면? [3점]

① $-2a + 3$　② $-2a + 5$　③ $2a + 5$
④ $6a + 3$　　⑤ $6a + 5$

05 $x = -\dfrac{1}{3}$, $y = 2$일 때, 식 $9x^2 + 3y$의 값은? [4점]

① 1　　　　② 3　　　　③ 5
④ 7　　　　⑤ 9

06 다음 밑줄 친 문장을 등식으로 나타낸 것은? [4점]

탄수화물은 1 g당 4 kcal의 열량을 내고, 지방은 1 g당 9 kcal의 열량을 낸다. <u>탄수화물을 x g, 지방을 y g 섭취하였을 때, 384 kcal를 낸다.</u>

① $\dfrac{x}{4} + \dfrac{y}{9} = 384$

② $\dfrac{4}{x} + \dfrac{9}{y} = 384$

③ $4x + 9y = 384$

④ $9x + 4y = 384$

⑤ $4x + 9y + 384 = 0$

07 $x=-3$일 때, 〈보기〉에서 식의 값을 바르게 구한 것을 모두 고른 것은? [4점]

┌─ 보기 ┐
ㄱ. $-x^2=-9$ ㄴ. $(-x)^2=-9$

ㄷ. $\dfrac{1}{x} \div x = \dfrac{1}{9}$ ㄹ. $x^2 \times \dfrac{2}{x} = 6$
└──────┘

① ㄱ, ㄴ   ② ㄱ, ㄷ   ③ ㄱ, ㄹ
④ ㄴ, ㄷ   ⑤ ㄴ, ㄹ

08 $a=b$일 때, 다음 중 옳지 <u>않은</u> 것은? [4점]

① $a+2=b+2$

② $1-a=1-b$

③ $-2a+3=3-2b$

④ $\dfrac{a}{3}+1=\dfrac{b+1}{3}$

⑤ $\dfrac{3a}{4}-1=\dfrac{3}{4}b-1$

09 다음 중 일차방정식이 <u>아닌</u> 것은? [3점]

① $5x=0$

② $3x+2=-3$

③ $2x-3=5-6x$

④ $x^2-3x+3=x$

⑤ $x(x-1)=x^2+3$

10 일차방정식 $-3(x+1)=2(1-x)$를 풀면?

[4점]

① $x=-5$ ② $x=-1$ ③ $x=0$
④ $x=1$ ⑤ $x=5$

11 x에 대한 일차방정식
$a-7x=-(a+3x)-2$의 해가 $x=3$일 때, 상수 a의 값은? [4점]

① 1   ② 2   ③ 3
④ 4   ⑤ 5

12 수지와 지은이는 둘레의 길이가 2 km인 원 모양의 산책로를 걸으려고 한다. 같은 지점에서 반대 방향으로 동시에 출발하여 수지는 분속 60 m로 걷고 지은이는 분속 40 m로 걸을 때, 두 사람은 출발한 지 몇 분 후에 처음으로 다시 만나는가? [4점]

① 10분 후   ② 15분 후   ③ 20분 후
④ 25분 후   ⑤ 30분 후

13 수직선 위의 두 점 $A(3)$, $B(b)$의 한가운데 점이 $M(1)$일 때, 점 B와 M의 한가운데 점의 좌표는 $N(x)$이다. x의 값은? [3점]

① -2 ② -1 ③ 0
④ 1 ⑤ 2

14 $ab<0$, $a-b<0$일 때 점 $(a, -b)$는 어느 사분면 위의 점인가? [4점]

① 제1사분면   ② 제2사분면
③ 제3사분면   ④ 제4사분면
⑤ 어느 사분면에도 속하지 않는다.

15 다음 조건을 모두 만족시키는 점 $P(a, b)$, $Q(c, d)$에 대하여 $2a-b$의 값은? [4점]

(가) 점 P와 점 Q는 원점에 대하여 대칭이다.
(나) 점 $(a-c, b-d)$는 제2사분면 위의 점이다.
(다) 점 Q에서 x축까지의 거리는 2이고, y축까지의 거리는 3이다.

① -8 ② -7 ③ 1
④ 4   ⑤ 8

16 오른쪽 그림은 데이터를 x GB 사용에 따른 요금 y만 원의 변화를 그래프로 나타낸 것이다.

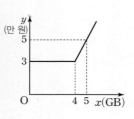

기본 요금 ⬚a 만 원을 내면 데이터를 ⬚b GB를 기본으로 사용할 수 있다.
데이터를 ⬚b GB 모두 사용한 후에는 1GB당 ⬚c 만 원씩 요금이 추가된다.

⬚ 안에 알맞은 수 a, b, c에 대하여 $2a-b+c$의 값은? [4점]

① 4   ② 5   ③ 6
④ 7   ⑤ 8

17 토끼와 거북이가 3 km 거리의 경주를 하였다. 경주를 시작한 지 x분 후에 출발점으로부터의 거리를 y km라고 하자. 위의 그림은 토끼와 거북이의 두 변수 x와 y 사이의 관계를 각각 그래프로 나타낸 것이다. 이에 대한 설명으로 옳은 것은? [4점]

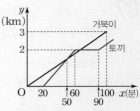

① 경주를 시작하고 10분이 지나서 토끼가 달리기 시작했다.
② 2 km 지점에 토끼보다 거북이가 먼저 도착했다.
③ 토끼가 경주를 마치는 데 총 100분이 걸렸다.
④ 경주를 시작한 지 50분이 되었을 때 토끼가 거북이를 추월하였다.
⑤ 경주하는 동안 토끼가 거북이보다 앞서 있는 시간은 10분이다.

18 다음 중 정비례 관계 $y=-3x$의 그래프에 대한 설명으로 옳은 것은? [4점]

① 원점을 지나지 않는다.
② 제3사분면과 제4사분면을 지난다.
③ 오른쪽 위를 향하는 직선이다.
④ 그래프 위의 점 $(a, -1)$은 제4사분면 위에 있다.
⑤ x의 값이 증가하면 y의 값도 증가한다.

19 반비례 관계 $y=\dfrac{a}{x}$의 그래프가 점 $(2, 3)$을 지나고, 정비례 관계 $y=ax$의 그래프가 점 $(-2, b)$를 지날 때, $a+b$의 값은?
(단, a는 상수이다.) [3점]

① -6 ② -3 ③ 3
④ 6   ⑤ 18

20 오른쪽 그림은 일정한 온도에서 기체에 가해지는 압력에 따른 부피의 변화를 나타낸 그래프이다. 압력이 120기압일 때, 기체의 부피는 몇 mL 인가? [4점]

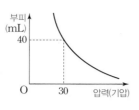

① 6 mL   ② 8 mL   ③ 10 mL
④ 12 mL   ⑤ 16 mL

··········· **서술형** ···········

21 어떤 다항식에 $\frac{3}{2}$을 곱해야 할 것을 잘못하여 나누었더니 $4x-6y$가 되었다. 바르게 계산한 식을 구하시오. [5점]

22 일차방정식 $10-2x=3x-15$의 해를 $x=a$라고 할 때, $a^2-3(a+1)$의 값을 구하시오. [5점]

23 호석이의 나이는 14살이고 아버지의 나이는 44살이다. 아버지의 나이가 호석이의 나이의 2배가 되는 때는 몇 년 후인지 구하시오. [5점]

24 좌표평면 위의 네 점 $A(-2, 3)$, $B(3, 4)$, $C(3, -3)$, $D(-2, 0)$을 꼭짓점으로 하는 사각형 $ABCD$의 넓이를 구하시오. [5점]

25 오른쪽 그림과 같은 그래프에서 a의 값을 구하시오. [5점]

실전 모의고사 ②회

1. 선택형 20문항, 서술형 5문항으로 되어 있습니다.
2. 주어진 문제를 잘 읽고, 알맞은 답을 답안지에 정확하게 표기하시오.

01 다음 중 곱셈 기호와 나눗셈 기호를 생략하여 나타낸 것으로 옳은 것은? [4점]

① $(-1) \times 2 \times x = -x^2$

② $0.1 \times x \times y = 0.xy$

③ $2x \times (-2y) \div 2 = 2xy$

④ $x \div y \times 2 = \dfrac{x}{2y}$

⑤ $x \div y \div (-2) = -\dfrac{x}{2y}$

02 다음 중 옳은 것은? [4점]

① $x+2$는 단항식이다.

② $3x$의 차수는 3이다.

③ x^2-1의 상수항은 1이다.

④ $x+2y-3$은 일차식이다.

⑤ $3x^2-2x+1$에서 x의 계수는 2이다.

03 $\dfrac{x-y}{2} - \dfrac{x+y}{4}$를 간단히 하면 $ax+by$이다. 두 상수 a, b에 대하여 $a-b$의 값은? [4점]

① -1 ② $-\dfrac{1}{2}$ ③ $\dfrac{1}{4}$

④ $\dfrac{1}{2}$ ⑤ 1

04 $x=-2$일 때, $-2x+1$의 값은? [3점]

① -5 ② -3 ③ -1

④ 3 ⑤ 5

05 다음 문장을 등식으로 나타내면? [4점]

• 300쪽짜리 책을 하루에 12쪽씩 x일 동안 읽고 남은 쪽수는 156쪽이다.

① $12x+300=156$

② $12x-300=156$

③ $300-12x=156$

④ $(300-x) \times 12 = 156$

⑤ $(x-300) \times 12 = 156$

06 다음 등식이 x에 대한 항등식일 때, 상수 a, b, c에 대하여 $a+b+c$의 값은? [4점]

$$3x^2 + bx - 3 = a(x^2+2x+1)+c$$

① 3   ② 6   ③ 9

④ 12   ⑤ 15

07 다음은 일차방정식을 푸는 과정이다. 처음으로 틀린 곳은? [4점]

$2x-3 = -(x+6)$
괄호를 풀면 ⓐ $2x-3 = -x-6$
우변의 $-x$를 이항하면
ⓑ $2x-3+x = -6$
좌변의 -3을 이항하면
ⓒ $2x+x = -6+3$
양변을 정리하면 ⓓ $3x=3$
양변을 3으로 나누면 ⓔ $x=1$

① ⓐ   ② ⓑ   ③ ⓒ

④ ⓓ   ⑤ ⓔ

08 x에 대한 일차방정식
$1-(3x-7)=a(3-2x)$의 해가 $x=-2$일 때, 상수 a의 값은? [4점]

① -3　　② -2　　③ -1
④ 1　　⑤ 2

09 다음은 연속하는 두 홀수의 합이 36일 때, 두 홀수 중 작은 수를 구하는 과정이다. 빈칸에 알맞은 수 a, b, c에 대하여 $2a+b-c$의 값은? [4점]

> 연속하는 두 홀수 중 작은 수를 x라고 하면 큰 수는 $(x+\boxed{a})$이므로
> $x+(x+\boxed{a})=36$
> 방정식을 풀면
> $2x+\boxed{a}=36$
> $2x=\boxed{b}$
> $x=\boxed{c}$
> 따라서 두 홀수 중 작은 수는 $\boxed{c}$이다.

① 18　　② 19　　③ 20
④ 21　　⑤ 22

10 둘레의 길이가 40 m이고 가로의 길이가 세로의 길이보다 4 m 긴 직사각형 모양의 꽃밭을 만들려고 한다. 이 꽃밭의 넓이는? [4점]

① $84 \, \text{m}^2$　　② $91 \, \text{m}^2$　　③ $96 \, \text{m}^2$
④ $99 \, \text{m}^2$　　⑤ $100 \, \text{m}^2$

11 오른쪽 좌표평면에서 두 점 $(-1, 3)$, $(3, -4)$를 골라 순서대로 적은 것은? [4점]

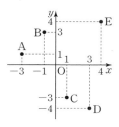

① 점 A, 점 D　　② 점 A, 점 E
③ 점 B, 점 D　　④ 점 B, 점 E
⑤ 점 C, 점 D

12 두 순서쌍 $(a+1, 3)$과 $(b-1, b+2)$가 서로 같을 때, $a-b$의 값은? [3점]

① -2　　② -1　　③ 0
④ 1　　⑤ 2

13 다음 중 주어진 점이 속하는 사분면을 <u>잘못</u> 짝지은 것은? [3점]

① $(1, 3)$: 제1사분면
② $(2, -3)$: 제2사분면
③ $(-3, -4)$: 제3사분면
④ $(0, 0)$: 어느 사분면에도 속하지 않는다.
⑤ $(-5, 0)$: 어느 사분면에도 속하지 않는다.

14 점 $(-a, b)$가 제3사분면 위의 점일 때, 다음 중 제2사분면 위의 점인 것은? [4점]

① (a, b)　　② (ab, a)　　③ $(a-b, b)$

④ $\left(\dfrac{a}{b}, b\right)$　　⑤ $(b, a+b)$

15 다음 중 y축 위에 있고 원점으로부터 거리가 5인 점은? [3점]

① $(5, 0)$　　② $(-5, 0)$　　③ $(0, -5)$

④ $(5, 5)$　　⑤ $(-5, 5)$

16 오른쪽 그림과 같은 그릇에 매 초 일정한 양의 물을 x초 동안 채울 때, 그릇에 담긴 물의 높이를 y cm라고 하자. 두 변수 x와 y 사이의 관계를 나타낸 그래프로 가장 적절한 것은? [4점]

① 　②

③ 　④

⑤

17 다음 정비례 관계의 그래프 중 y축에 가장 가까운 것은? [3점]

① $y=2x$　　② $y=-\dfrac{3}{4}x$

③ $y=\dfrac{5}{2}x$　　④ $y=-\dfrac{10}{3}x$

⑤ $y=2.4x$

18 반비례 관계 $y=-\dfrac{6}{x}$에 대한 설명 중 옳지 <u>않은</u> 것은? [4점]

① 원점을 지나지 않는다.
② 제2사분면과 제4사분면을 지난다.
③ 정비례 관계 $y=2x$의 그래프와 만난다.
④ 반비례 관계 $y=-\dfrac{3}{x}$의 그래프보다 원점에 더 멀다.
⑤ $x>0$일 때, x의 값이 증가하면 y의 값도 증가한다.

19 오른쪽 그림과 같이 반비례 관계 $y=\dfrac{a}{x}$의 그래프의 제4사분면 위의 한 점 P에서 x축, y축에 내린 수선의 발을 각각 Q, R라고 하자. 사각형 ORPQ의 넓이가 20이고, 점 $(k, 5)$가 $y=\dfrac{a}{x}$의 그래프 위의 점일 때, $a+k$의 값은? (단, a는 상수이다.) [4점]

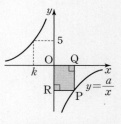

① -24　　② -16　　③ -8

④ 16　　⑤ 24

20 두 톱니바퀴 A, B가 서로 맞물려 돌아가고 있다. 톱니가 30개인 톱니바퀴 A가 1분 동안 6바퀴 회전할 때, 톱니가 x개인 톱니바퀴 B는 1분 동안 y바퀴 회전한다고 한다. x와 y 사이의 관계를 식으로 나타내면? [4점]

① $y=5x$ ② $y=6x$

③ $y=\dfrac{6}{x}$ ④ $y=\dfrac{30}{x}$

⑤ $y=\dfrac{180}{x}$

━━━━━━━ **서술형** ━━━━━━━

21 두 일차방정식의 해가 같을 때, 상수 a의 값을 구하시오. [5점]

$$3x-2=-x+6$$
$$2x+a=ax+5$$

22 부피가 $(16x-8y)$ cm³인 직육면체가 있다. 이 직육면체의 가로의 길이는 4 cm, 세로의 길이는 $\dfrac{2}{3}$ cm일 때, 높이를 구하시오. [5점]

23 집에서 도서관을 가는 데 일정한 속력으로 걸어갔더니 1시간이 걸렸고, 돌아올 때는 갈 때보다 시속 1 km를 더 빠르게 걸어 36분이 걸렸다고 한다. 이때 집에서 도서관까지의 거리를 구하시오. [5점]

24 좌표평면 위의 세 점 A(1, 1), B(2, 3), C(4, 2)를 꼭짓점으로 하는 삼각형 ABC의 넓이를 기약분수로 나타내면 $\dfrac{a}{b}$ 이다. 두 수 a, b에 대하여 $a+b$의 값을 구하시오. [5점]

25 오른쪽 그림과 같이 두 정비례 관계 $y=4x$, $y=\dfrac{1}{4}x$ 의 그래프가 점 (0, 2)를 지나고 x축에 평행한 직선과 만나는 점을 각각 A, B라고 하자. 삼각형 AOB의 넓이를 구하시오. [5점]

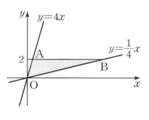

점수   점   이름

1. 선택형 20문항, 서술형 5문항으로 되어 있습니다.
2. 주어진 문제를 잘 읽고, 알맞은 답을 답안지에 정확하게 표기하시오.

01 다음 중 문자를 사용한 식으로 나타낸 것으로 옳은 것은? [4점]

① 10개에 a원인 사과 한 개의 가격은 $10a$원이다.
② 5 L의 우유를 b명이 똑같이 나누어 마실 때, 한 명이 마시는 양은 $(5-b)$ L이다.
③ 밑변의 길이가 10 cm이고 높이가 h cm인 삼각형의 넓이는 $5h$ cm²이다.
④ 전체 학생 수가 20명이고, 남학생 수가 x명일 때 여학생 수는 $(x-20)$명이다.
⑤ 한 개에 500원인 사탕을 y개 살 때, 내야 하는 돈은 $(500+y)$원이다.

02 다음 식을 간단히 하면? [4점]

$$2x-[x+2\{x-3(x-1)\}]$$

① $2x-3$ ② $2x-6$ ③ $5x-3$
④ $5x-6$ ⑤ $5x+6$

03 $(-5x+20) \div \dfrac{5}{3}$를 간단히 하면 $ax+b$일 때, 상수 a, b에 대하여 $a-b$의 값은? [3점]

① -15 ② -9 ③ -6
④ 6 ⑤ 9

04 $x=2$, $y=-1$일 때, $\dfrac{x-4y}{xy}$의 값은? [3점]

① -3 ② -1 ③ 1
④ 3 ⑤ 5

05 〈보기〉에서 x에 대한 항등식을 모두 고른 것은? [4점]

┤ 보기 ├
ㄱ. $2x(x+1)=2x^2+2$
ㄴ. $2x+1-5x=-3x+1$
ㄷ. $3(x-1)+1=3x-2$
ㄹ. $3-x=6-2x$

① ㄱ, ㄴ ② ㄱ, ㄷ ③ ㄱ, ㄹ
④ ㄴ, ㄷ ⑤ ㄴ, ㄹ

06 다음은 $x=3$일 때, $-2x+1$의 값을 등식의 성질을 이용하여 구하는 과정이다.
$a+b+c$의 값은? [4점]

$x=3$일 때,
$-2x=\boxed{a}$
$-2x+1=\boxed{a}+\boxed{b}$
$-2x+1=\boxed{c}$

① -14 ② -12 ③ -10
④ 12 ⑤ 14

07 다음 중 일차방정식인 것은? [4점]

① $3(x+1)-2x$

② $2(x-1)=2x-2$

③ $-5x+3=3$

④ $x^2-2x+1=0$

⑤ $x(x-2)=3$

08 일차방정식 $\dfrac{x}{3}-2=-\dfrac{6-x}{5}$ 를 풀면? [4점]

① $x=-8$ ② $x=-6$ ③ $x=-2$

④ $x=2$ ⑤ $x=6$

09 다음 밑줄 친 부분을 등식으로 나타낸 것은? [4점]

> 문제집을 사려고 하는 데 집 앞 서점에서는 문제집을 정가에 판다. 인터넷 서점에서는 10 % 할인해 주며, 배송비가 3000원이 추가된다.
> 가격을 비교해 보았더니, <u>집 앞 서점에서 사는 것이 인터넷 서점에서 사는 것보다 1000원 더 저렴하다.</u>
> 문제집의 가격을 x원이라고 하면 …

① $x-1000=x \times \dfrac{10}{100}+3000$

② $x+1000=x \times \dfrac{10}{100}+3000$

③ $x-1000=x \times \dfrac{90}{100}+3000$

④ $x+1000=x \times \dfrac{90}{100}+3000$

⑤ $x-1000=x \times \dfrac{90}{100}-3000$

10 어떤 식에서 $-2x+5$를 더해야 할 것을 잘못하여 뺐더니 $3x-1$이 되었다. 바르게 계산한 식은? [4점]

① $-x+9$ ② $-x+11$

③ $x+4$ ④ $5x-6$

⑤ $7x-11$

11 다음은 점 P(a, b), Q(c, d)에 대한 설명이다. $ac+bd$의 값은? [4점]

> (가) 점 P는 x좌표가 2이고, y좌표가 -1인 점이다.
> (나) 점 Q는 x축 위에 있고 원점에서의 거리가 2이다.
> (다) $c+d<0$

① -4 ② -2 ③ 0

④ 2 ⑤ 4

12 점 A$(a+2, 2a-4)$가 x축 위의 점일 때, 점 A와 원점 O 사이의 거리는? [3점]

① 2 ② 4 ③ 6

④ 8 ⑤ 10

13 〈보기〉에서 어느 사분면에도 속하지 않는 점은 모두 몇 개인가? [4점]

┌─ 보기 ┐
ㄱ. $(0, 0)$ ㄴ. $(10, 3)$
ㄷ. $(4, -6)$ ㄹ. $(-3, 0)$
ㅁ. $(-1, -3)$
└──────┘

① 1개   ② 2개   ③ 3개
④ 4개   ⑤ 5개

14 두 점 $(a+1, 2b-3)$과 $(2a-7, b-3)$이 x축에 대하여 대칭일 때, $a-b$의 값은? [3점]

① -2 ② 0 ③ 2
④ 4 ⑤ 6

15 점 $(a+b, ab)$가 제2사분면 위의 점일 때, 다음 중 항상 옳은 것은? [4점]

① $a-b<0$ ② $a^2+b^2<0$
③ $\dfrac{1}{a}+\dfrac{1}{b}<0$ ④ $\dfrac{1}{a}-\dfrac{1}{b}<0$
⑤ $\dfrac{a}{b}+\dfrac{b}{a}<0$

16 좌표평면 위의 세 점 A$(0, 4)$, B$(-2, -2)$, C$(3, -2)$를 꼭짓점으로 하는 삼각형 ABC의 넓이는? [4점]

① 10   ② 15   ③ 20
④ 25   ⑤ 30

17 그림은 물과 얼음의 온도에 따른 부피의 변화를 그래프로 나타낸 것이다. 이에 대한 설명으로 옳은 것을 〈보기〉에서 모두 고른 것은? [4점]

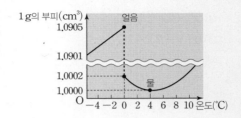

┌─ 보기 ┐
ㄱ. 0 ℃에서 물의 부피가 얼음의 부피보다 크다.
ㄴ. 물의 부피가 가장 작을 때는 4 ℃이다.
ㄷ. 온도가 0 ℃~2 ℃일 때, 온도가 증가하면 물의 부피는 증가한다.
ㄹ. 온도가 −2 ℃~0 ℃일 때, 온도가 증가하면 얼음의 부피는 증가한다.
└──────┘

① ㄱ, ㄴ   ② ㄱ, ㄷ   ③ ㄱ, ㄹ
④ ㄴ, ㄷ   ⑤ ㄴ, ㄹ

18 $\dfrac{y}{x}$의 값이 -2로 항상 일정할 때, 다음 중 옳은 것은? [4점]

① y가 x에 반비례한다.
② xy의 값이 항상 일정하다.
③ x의 값이 2일 때, y의 값은 -1이다.
④ x의 값이 3배가 되면 y의 값도 3배가 된다.
⑤ x의 값이 2배가 되면 y의 값은 $\dfrac{1}{2}$배가 된다.

19 반비례 관계 $y=\dfrac{a}{x}$의 그래프가 두 점 $(b, 4)$, $(6, -2)$를 지날 때, $a+b$의 값은? (단, a는 상수이다.) [3점]

① -15 ② -9 ③ -3
④ 3 ⑤ 9

20 매분 2 L씩 물을 넣으면 30분 만에 물이 가득 차는 물탱크가 있다. 10분 만에 이 물탱크에 물을 가득 채우려면 매분 몇 L씩 물을 넣어야 하는가? [4점]

① 3 L   ② 4 L   ③ 5 L
④ 6 L   ⑤ 7 L

············· **서술형** ·············

21 다음 표에서 가로, 세로, 대각선에 놓인 다항식의 합이 모두 $3x-6$이 될 때, A, B에 들어갈 식을 각각 구하시오. [5점]

	$3x-12$	$x+2$
$3x-4$	A	
		B

22 길이가 같은 긴 의자에 학생들이 앉으려고 한다. 의자에 학생들이 5명씩 앉았더니 마지막 한 의자는 3자리가 남았고, 같은 개수의 의자에 학생들이 4명씩 앉았더니 5명이 앉지 못하였다. 학생 수를 구하시오. [5점]

23 좌표평면 위의 두 점 A($m+3$, $n-2$), B($2m-2$, $n-5$)가 각각 x축, y축 위에 있을 때, 삼각형 AOB의 넓이를 구하시오. (단, O는 원점이다.) [5점]

24 좌표평면 위의 서로 다른 세 점 A(-3, 2), B(2, 4), C(-3, k)를 꼭짓점으로 하는 삼각형 ABC의 넓이가 20이 되도록 하는 모든 k의 값을 구하시오. [5점]

25 오른쪽 그림과 같이 반비례 관계 $y=\dfrac{8}{x}$의 그래프 위의 두 점 A와 C는 원점에 대하여 대칭이다. 두 점 A, C를 꼭짓점으로 하고 각 변이 x축 또는 y축에 평행한 직사각형 ABCD의 넓이를 구하시오. [5점]

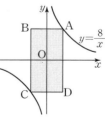

곱셈 기호와 나눗셈 기호의 생략

01 다음 중 $a \div (b \times c)$와 결과가 같은 것은?

① $a \times b \times c$ ② $a \times b \div c$
③ $a \times (b \div c)$ ④ $a \div b \div c$
⑤ $a \div (b \div c)$

문자를 사용한 식 세우기

02 작년에는 남학생 수가 x명, 여학생 수가 y명이었다. 올해는 작년보다 남학생 수가 10 % 감소하였고, 여학생 수는 20 % 증가하였다. 올해의 전체 학생 수를 x, y를 사용한 식으로 나타낸 것은?

① $\left(\dfrac{10}{100}x + \dfrac{20}{100}y \right)$명
② $\left(-\dfrac{10}{100}x + \dfrac{20}{100}y \right)$명
③ $\left(\dfrac{90}{100}x + \dfrac{20}{100}y \right)$명
④ $\left(\dfrac{90}{100}x + \dfrac{120}{100}y \right)$명
⑤ $\left(-\dfrac{90}{100}x + \dfrac{120}{100}y \right)$명

식의 값 구하기

03 $x = -\dfrac{1}{2}$일 때, 다음 중 식의 값이 가장 큰 것은?

① $-\dfrac{1}{x}$ ② $-x^2$ ③ $-2x$
④ x^2 ⑤ $\dfrac{1}{x^2}$

다항식과 일차식

04 〈보기〉에서 단항식인 것을 모두 고른 것은?

◁ 보기 ▷
ㄱ. $(-3) \times x \times x$ ㄴ. $x \times y \div 5$
ㄷ. $2 \times x - 1$ ㄹ. $(y+2) \div 5$

① ㄱ, ㄴ   ② ㄱ, ㄷ   ③ ㄴ, ㄷ
④ ㄴ, ㄹ   ⑤ ㄷ, ㄹ

다항식과 일차식

05 다항식 $\dfrac{x}{2} - \dfrac{y}{3} - \dfrac{3}{4}$에서 x의 계수를 a, 상수항을 b라고 할 때, $a+b$의 값은?

① $-\dfrac{1}{2}$ ② $-\dfrac{1}{4}$ ③ $\dfrac{1}{2}$
④ $\dfrac{5}{4}$ ⑤ $\dfrac{11}{4}$

다항식과 일차식

06 〈보기〉에서 다항식 $5x^3 + 3x - 1$에 대한 설명으로 옳은 것을 모두 고른 것은?

◁ 보기 ▷
ㄱ. 항은 3개이다.
ㄴ. 다항식의 차수는 4이다.
ㄷ. x의 계수는 5이다.
ㄹ. 상수항은 -1이다.

① ㄱ, ㄴ   ② ㄱ, ㄷ   ③ ㄱ, ㄹ
④ ㄴ, ㄷ   ⑤ ㄴ, ㄹ

일차식의 덧셈과 뺄셈

07 $2(x+2) - 3(3x-1)$을 간단히 하면?

① $-7x+1$ ② $-7x+7$
③ $11x+1$ ④ $11x+3$
⑤ $11x+7$

일차식의 덧셈과 뺄셈

08 $\dfrac{x+3y}{4}-\dfrac{2(x-2y)}{3}$ 를 간단히 하면 $ax+by$이다. 상수 a, b에 대하여 $a\div b$의 값은?

① -5　　② $-\dfrac{1}{5}$　　③ -1

④ $\dfrac{1}{5}$　　⑤ 5

등식의 성질

09 다음은 등식의 성질을 이용한 것이다. □ 안에 들어갈 수가 가장 큰 것은?

① $-3x-4=$□의 양변에 4를 더하면 $-3x=1$이다.

② $2x+3=1$의 양변에서 3을 빼면 $2x=$□이다.

③ $\dfrac{x}{3}=-2$의 양변에 3을 곱하면 $x=$□이다.

④ $-\dfrac{x}{4}=-1$의 양변에 □를 곱하면 $x=4$이다.

⑤ $-5x=10$의 양변을 □로 나누면 $x=-2$이다.

일차방정식

10 〈보기〉에서 일차방정식의 개수는?

┤ 보기 ├
ㄱ. $3x-4x=0$
ㄴ. $2-4x=4$
ㄷ. $2x+1=2x+x^2$
ㄹ. $5(x-2)=5x-10$
ㅁ. $1-2x^2=-2x(x+1)$

① 1　　② 2　　③ 3

④ 4　　⑤ 5

일차방정식의 풀이

11 다음 중 [ ] 안의 수가 주어진 일차방정식의 해인 것은?

① $3x-1=-1$　　$[-1]$

② $1-x=2x-2$　　$[0]$

③ $5x+3=2x$　　$[1]$

④ $x-4=2x$　　$[2]$

⑤ $4-x=2x-5$　　$[3]$

일차방정식의 풀이

12 다음 중 일차방정식의 해가 나머지 넷과 다른 하나는?

① $2x-1=3$　　② $-2x+4=0$

③ $1-x=-1$　　④ $4-2x=x+1$

⑤ $x-2=3x-6$

일차방정식의 풀이

13 다음은 일차방정식을 푸는 과정이다. $a+b+c$의 값은?

$$5(x-1)=-2(1-2x)$$
$$5x-5=\boxed{a}+4x$$
$$5x+\boxed{b}x=\boxed{a}+5$$
$$x=\boxed{c}$$

① -9　　② -6　　③ -3

④ 3　　⑤ 6

일차방정식의 풀이

14 일차방정식 $1-0.1x=0.2(x-1)$을 풀면?

① $x=1$　　② $x=2$　　③ $x=3$

④ $x=4$　　⑤ $x=5$

해에 대한 조건이 주어진 방정식

15 다음 중 일차방정식 $3x-1=-x+3$과 해가 같은 것은?

① $3(x-1)=2x$ ② $x-5=-2x+1$

③ $0.2x-0.1=0.3$ ④ $\dfrac{x}{2}-\dfrac{1}{3}=\dfrac{x}{6}$

⑤ $\dfrac{x+3}{5}-1=2x$

해에 대한 조건이 주어진 방정식

16 x에 대한 두 일차방정식 $\dfrac{8-x}{4}-\dfrac{1}{6}=\dfrac{2}{3}x$,

$3(a-x)+5=2ax$의 해가 서로 같을 때, 상수 a의 값은?

① -2 ② -1 ③ 0

④ 1 ⑤ 2

일차방정식의 활용

17 인터넷으로 1400원짜리 공책을 몇 권 주문하였더니 배송비 3000원을 포함하여 총 12800원이 나왔다. 공책을 몇 권 주문하였는가?

① 4권   ② 5권   ③ 6권

④ 7권   ⑤ 8권

일차방정식의 활용

18 다음 그림과 같이 길이와 모양이 같은 성냥개비로 정사각형을 만들려고 한다. 성냥개비 64개로 만들 수 있는 정사각형의 개수는?

① 20   ② 21   ③ 22

④ 23   ⑤ 24

일차방정식의 활용

19 집에서 학교까지 왕복하는 데 갈 때는 분속 40 m로 걷고, 같은 길을 올 때는 분속 50 m로 걸었더니 총 18분이 걸렸다. 집에서 학교까지의 거리는?

① 400 m   ② 500 m   ③ 600 m

④ 700 m   ⑤ 800 m

일차방정식의 활용

20 학생들에게 초콜릿을 나누어 주려고 한다. 한 학생에게 3개씩 나누어 주면 4개가 남고, 4개씩 나누어 주면 5개가 부족하다고 할 때, 학생 수는?

① 8명   ② 9명   ③ 10명

④ 11명   ⑤ 12명

일차방정식의 활용

21 십의 자리의 숫자가 a, 일의 자리의 숫자가 4인 두 자리의 자연수가 있다. 이 수의 십의 자리의 숫자와 일의 자리의 숫자를 바꿨더니 처음 수보다 $3a$만큼 커졌다. a의 값은?

① 1   ② 2   ③ 3

④ 5   ⑤ 6

일차방정식의 활용

22 강당의 긴 의자에 학생들이 앉는데 한 의자에 4명씩 앉으면 자리가 부족하여 1명이 앉지 못하고, 5명씩 앉으면 마지막 의자에 3명이 앉고 의자도 하나 남는다고 한다. 학생 수를 a명, 의자의 수를 b개라고 할 때, $a+b$의 값은?

① 38   ② 39   ③ 40

④ 41   ⑤ 42

수직선 위의 점의 좌표

23 다음 수직선 위의 세 점 A(a), B(b), C(c)에 대하여 $a+b+c$의 값은?

① -2 ② -1 ③ 0
④ 1 ⑤ 2

좌표평면 위의 점의 좌표

24 오른쪽 좌표평면에서 두 점 P(a, b), Q(c, d)에 대하여 $a-2b+3c-4d$의 값은?

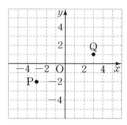

① -5 ② -2 ③ 1
④ 6 ⑤ 9

좌표평면 위의 점의 좌표

25 다음 조건을 모두 만족시키는 점 P(a, b)에 대하여 $a-b$의 값은?

(가) 점 P는 제4사분면 위의 점이다.
(나) 점 P를 x축에 대하여 대칭인 점을 Q라고 하면 점 P와 점 Q 사이의 거리는 6이다.
(다) 점 P에서 y축에 내린 수선과 y축이 만나는 점을 R라고 하면 점 P와 점 R 사이의 거리는 4이다.

① -7 ② -1 ③ 1
④ 5 ⑤ 7

좌표평면 위의 점의 좌표

26 네 점 A(-2, 4), B(3, 4), C(p, q), D(r, s)를 꼭짓점으로 하는 사각형 ABCD가 정사각형이고 원점 O가 정사각형 ABCD의 내부에 있을 때, $p+s$의 값은?

① -3 ② -2 ③ -1
④ 1 ⑤ 2

좌표평면 위의 점의 좌표

27 점 ($a+1$, $2-b$)와 y축에 대하여 대칭인 점의 좌표는?

① $(a-1, 2-b)$ ② $(-a+1, 2-b)$
③ $(-a-1, 2-b)$ ④ $(a+1, 2+b)$
⑤ $(a+1, -2+b)$

좌표평면 위의 점의 좌표

28 점 P(3, -5)에 대한 설명으로 옳은 것은?

① 제2사분면 위의 점이다.
② 어느 사분면에도 속하지 않는다.
③ y축까지의 거리는 3이다.
④ 원점에 대하여 대칭인 점은 $(-5, 3)$이다.
⑤ x축에 대하여 대칭인 점은 $(-3, -5)$이다.

좌표평면 위의 점의 좌표

29 다음 규칙에 따라 말을 이동시키려고 한다.

(가) 동전을 던져서 앞면이 나오면 x축의 양의 방향으로 2만큼 이동한다.
(나) 동전을 던져서 뒷면이 나오면 y축의 음의 방향으로 1만큼 이동한다.

점 (3, 3)을 출발점으로 하여 동전을 3번 던질 때, 말의 위치가 될 수 <u>없는</u> 것은?

① $(3, 0)$ ② $(5, 1)$ ③ $(5, 3)$
④ $(7, 2)$ ⑤ $(9, 3)$

사분면

30 점 $(a-2, a)$가 어느 사분면에도 속하지 않을 때, 다음 중 항상 옳은 것은?

① 점 $(3, a-2)$는 어느 사분면에도 속하지 않는다.

② 점 $(a, -1)$은 어느 사분면에도 속하지 않는다.

③ 점 $(a^2-2a, 3)$은 어느 사분면에도 속하지 않는다.

④ 점 $(a-2, a)$와 x축에 대하여 대칭인 점은 점 $(a-2, a)$이다.

⑤ 점 $(a-2, a)$와 y축에 대하여 대칭인 점은 점 $(a-2, a)$이다.

사분면

31 좌표평면 위의 두 점 $(a-2, 3a+1)$, $(b+2, 4-2b)$는 각각 x축, y축 위의 점일 때, 점 (a, b)는 어느 사분면 위의 점인가?

① 제1사분면　　　　② 제2사분면

③ 제3사분면　　　　④ 제4사분면

⑤ 어느 사분면에도 속하지 않는다.

사분면 결정하기

32 점 $(a, -b)$가 제3사분면 위의 점일 때, 점 $\left(\dfrac{a-b}{a}, ab\right)$는 어느 사분면 위의 점인가?

① 제1사분면　　　　② 제2사분면

③ 제3사분면　　　　④ 제4사분면

⑤ 어느 사분면에도 속하지 않는다.

좌표평면 위의 도형의 넓이

33 좌표평면 위의 세 점 $A(3, 1)$, $B(-2, 1)$, $C(1, a)$를 꼭짓점으로 하는 삼각형 ABC의 넓이가 10이 되도록 하는 모든 a의 값의 합은? (단, $a \neq 1$)

① 1　　　　② 2　　　　③ 3

④ 4　　　　⑤ 5

좌표평면 위의 도형의 넓이

34 점 $P(3, -4)$와 x축에 대하여 대칭인 점을 Q, 점 P와 y축에 대하여 대칭인 점을 R라고 하자. 세 점 P, Q, R를 꼭짓점으로 하는 삼각형 PQR의 넓이는?

① 6　　　　② 12　　　　③ 24

④ 36　　　　⑤ 48

그래프 그리기

35 다음은 재석이의 오전 일과를 적은 것이다.

> (1) 집에서 출발하여 일정한 속력으로 체육관에 간다.
> (2) 체육관에 도착하여 일정 시간 동안 운동을 한다.
> (3) 집으로 돌아오는 길에 편의점으로 달려가서 잠시 동안 음료수를 사서 마신다.
> (4) 편의점에서 집까지 천천히 일정한 속력으로 걸어온다.

재석이가 집을 출발한 지 x분이 지났을 때, 집에서부터 거리를 y km라고 하자. 두 변수 x와 y 사이의 관계를 나타낸 그래프로 가장 적절한 것은?

①
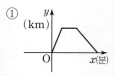

②
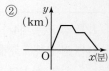

③
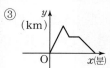

④
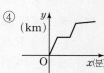

⑤
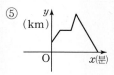

그래프 해석하기

36 오른쪽 그림은 희주가 걸어간 거리를 시간에 따라 나타낸 그래프이다. 다음 중 이 그래프에 대한 설명으로 옳은 것은?

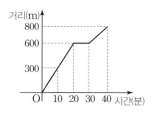

① 희주는 총 600 m를 걸었다.

② 희주는 800 m를 가는 데 20분이 걸렸다.

③ 희주는 30분 동안 쉬지 않고 걸었다.

④ 희주는 출발한 지 10분이 지났을 때 200 m를 걸었다.

⑤ 희주가 멈추었다가 다시 출발한 시간은 처음 걷기 시작한 지 30분 후이다.

그래프 해석하기

37 오른쪽 그림은 날아가는 공의 이동 거리에 따른 높이를 그래프로 나타낸 것이다. 〈보기〉에서 이에 대한 설명으로 옳은 것을 모두 고른 것은?

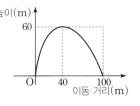

┌─ 보기 ┐

ㄱ. 공이 이동한 거리는 100 m이다.

ㄴ. 공이 날아간 시간은 60초이다.

ㄷ. 공이 가장 높이 올랐을 때의 높이는 40 m 이다.

ㄹ. 공의 높이가 20 m인 지점은 2번이다.

① ㄱ, ㄴ   ② ㄱ, ㄷ   ③ ㄱ, ㄹ

④ ㄴ, ㄷ   ⑤ ㄷ, ㄹ

그래프 해석하기

38 주성이와 예진이는 학교에서 1 km 떨어진 곳에 산다. 오른쪽 그림은 주성이와 예진이가 학교 수업을 마치고 집까지 걸어간 거리를 시간에 따라 나타낸 그래프이다. 주성이가 집에 도착한 지 몇 분 후에 예진이가 도착했는가?

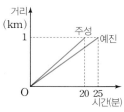

① 5분 후   ② 10분 후   ③ 15분 후

④ 20분 후   ⑤ 25분 후

그래프 해석하기

39 오른쪽 그림은 어느 나라의 월별 코로나 19 확진자 수를 그래프로 나타낸 것이다. 〈보기〉에서 이에 대한 설명으로 옳은 것을 모두 고른 것은?

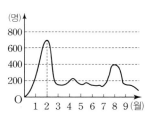

┌─ 보기 ┐

ㄱ. 코로나19 확진자 수가 가장 많은 달은 2월 이다.

ㄴ. 3월부터 7월까지 코로나19 확진자 수는 꾸준히 감소하였다.

ㄷ. 7월 이후 코로나19 확진자 수가 꾸준히 증가하여 400명이 넘었다.

ㄹ. 8월에 코로나19 확진자 수는 200명이 넘었다.

① ㄱ, ㄴ   ② ㄱ, ㄷ   ③ ㄱ, ㄹ

④ ㄴ, ㄷ   ⑤ ㄷ, ㄹ

정비례 관계

40 다음 중 x와 y 사이의 관계를 식으로 나타내면 $y=4x$인 것은?

① 4개에 x원인 사과 1개의 가격 y원
② 전체 x명인 학급에서 4명씩 한 모둠을 만들 때, 모둠의 수 y개
③ 한 변의 길이가 x cm인 정사각형의 둘레의 길이 y cm
④ 형의 나이가 x살일 때, 4살 어린 동생의 나이 y살
⑤ x km 떨어진 거리를 시속 4 km로 걸어갈 때 걸리는 시간 y시간

정비례 관계

41 다음 중 x의 값이 2배, 3배, 4배, …가 될 때 y의 값도 2배, 3배, 4배, …가 되는 것을 모두 고르면? (정답 2개)

① $x+y=1$ ② $x-2y=0$
③ $y=-\dfrac{3}{x}$ ④ $y=-\dfrac{x}{5}$
⑤ $xy=10$

정비례 관계

42 y가 x에 정비례할 때, x와 y 사이의 관계를 표로 나타내면 다음과 같다. $a+b+c$의 값은?

x	-5	-2	b	9
y	a	-1	2	c

① -6 ② -3 ③ -2
④ 6 ⑤ 11

그래프 위의 점

43 정비례 관계 $y=\dfrac{3}{2}x$의 그래프가 점 $(a, 5-a)$를 지날 때, a의 값은?

① 1 ② 2 ③ 3
④ 4 ⑤ 5

반비례 관계

44 〈보기〉에서 y가 x에 반비례하는 것을 모두 고른 것은?

┤보기├
ㄱ. 10명을 뽑는 시험에 x명이 지원할 때 합격률은 y %이다. (단, $x \geq 10$)
ㄴ. x명이 10일 동안 하는 일을 2명이 y일 동안 한다.
ㄷ. 가격이 x원인 책을 20 % 할인하면 y원이다.
ㄹ. 넓이가 12 cm²인 삼각형의 밑변의 길이가 x cm일 때, 높이는 y cm이다.

① ㄱ, ㄴ ② ㄱ, ㄷ ③ ㄱ, ㄹ
④ ㄴ, ㄷ ⑤ ㄴ, ㄹ

그래프 위의 점

45 오른쪽 그림과 같이 정비례 관계 $y=ax$의 그래프와 반비례 관계 $y=-\dfrac{12}{x}$의 그래프가 제 2사분면 위의 점 A에서 만난다. 점 A의 y좌표가 3일 때, 상수 a의 값은?

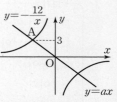

① $-\dfrac{4}{3}$ ② $-\dfrac{3}{4}$ ③ $-\dfrac{1}{4}$
④ $\dfrac{3}{4}$ ⑤ $\dfrac{4}{3}$

그래프와 도형의 넓이

46 오른쪽 그림과 같이 정비례 관계
$y = -\dfrac{2}{3}x$의 그래프
위의 한 점 A에서 y축
에 수선을 그어 y축과 만나는 점을 B라고 하자.
점 B의 y좌표가 4일 때, 삼각형 AOB의 넓이
는?

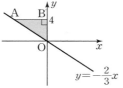

① 6　　　　② 12　　　　③ 18
④ 24　　　　⑤ 30

그래프와 도형의 넓이

47 오른쪽 그림과 같이 좌
표평면 위에 세 점
A(6, 0), B(6, 2),
C(3, 2)가 있다. 정비례 관계 $y = ax$의 그래프
가 사다리꼴 OABC의 넓이를 이등분할 때, 상
수 a의 값은?

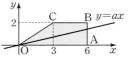

① $\dfrac{1}{9}$　　　　② $\dfrac{1}{8}$　　　　③ $\dfrac{1}{6}$
④ $\dfrac{1}{5}$　　　　⑤ $\dfrac{1}{4}$

그래프와 도형의 넓이

48 오른쪽 그림과 같이 정비례 관
계 $y = 4x$, $y = x$의 그래프 위
의 점 중에서 x좌표가 2인 점
을 각각 A, B라고 하자. 삼각
형 AOB의 넓이는?

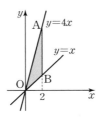

① 6　　　　② 12　　　　③ 18
④ 24　　　　⑤ 30

정비례, 반비례 관계의 활용

49 톱니가 각각 20개, 15개인 두 톱니바퀴 A, B가
서로 맞물려 돌아가고 있다. 톱니바퀴 A가 x바
퀴 회전할 때, 톱니바퀴 B는 y바퀴 회전한다고
한다. x와 y 사이의 관계를 식으로 나타내면?

① $y = \dfrac{1}{2}x$　　② $y = \dfrac{3}{4}x$　　③ $y = \dfrac{4}{3}x$
④ $y = 2x$　　⑤ $y = 5x$

정비례, 반비례 관계의 활용

50 오른쪽 그림과 같
은 직사각형
ABCD에서 점 P
는 점 B에서 출발

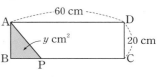

하여 1초에 2 cm씩 변 BC를 따라 점 C까지 움
직인다. 점 P가 출발한 지 x초 후의 삼각형
ABP의 넓이를 y cm²라고 하자. $y = 80$일 때, x
의 값은? (단, $0 < x \leq 30$)

① 2　　　　② 4　　　　③ 8
④ 16　　　　⑤ 32

+ **수학 전문가 100여 명의 노하우로 만든**
  수학 특화 시리즈

+ **연산 ε ▸ 개념 α ▸ 유형 β ▸ 고난도 Σ 의**
  단계별 영역 구성

+ **난이도별, 유형별 선택으로**
  사용자 맞춤형 학습

기본부터 심화까지 **단계별 수학**

연산 ε(6책) ∣ **개념 α**(6책) ∣ **유형 β**(6책) ∣ **고난도 Σ**(6책)

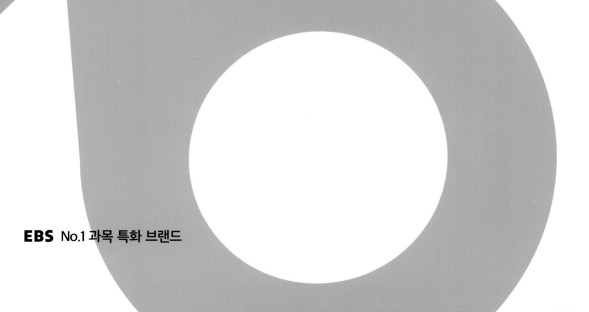

EBS No.1 과목 특화 브랜드

효과가 상상 이상입니다.

예전에는 아이들의 어휘 학습을 위해 학습지를 만들어 주기도 했는데,
이제는 이 교재가 있으니 어휘 학습 고민은 해결되었습니다.
아이들에게 아침 자율 활동으로 할 것을 제안하였는데,
"선생님, 더 풀어도 되나요?"라는 모습을 보면,
아이들의 기초 학습 습관 형성에도 큰 도움이 되고 있다고 생각합니다.

ㄷ초등학교 안OO 선생님

어휘 공부의 힘을 느꼈습니다.

학습에 자신감이 없던 학생도 이미 배운 어휘가 수업에 나왔을 때 반가워합니다.
어휘를 먼저 학습하면서 흥미도가 높아지고
동기 부여가 되는 것을 보면서 어휘 공부의 힘을 느꼈습니다.

ㅂ학교 김OO 선생님

학생들 스스로 뿌듯해해요.

처음에는 어휘 학습을 따로 한다는 것 자체가 부담스러워했지만,
공부하는 내용에 대해 이해도가 높아지는 경험을 하면서
스스로 뿌듯해하는 모습을 볼 수 있었습니다.

ㅅ초등학교 손OO 선생님

앞으로도 활용할 계획입니다.

학생들에게 확인 문제의 수준이 너무 어렵지 않으면서도
교과서에 나오는 낱말의 뜻을 확실하게 배울 수 있었고,
주요 학습 내용과 관련 있는 낱말의 뜻과 용례를
정확하게 공부할 수 있어서 효과적이었습니다.

ㅅ초등학교 지OO 선생님

학교 선생님들이 확인한
어휘가 문해력이다의 학습 효과!
직접 경험해 보세요

학기별 교과서 어휘 완전 학습
<어휘가 문해력이다>
—— 예비 초등 ~ 중학 3학년 ——

정답과 풀이

전국 중학교
기출문제
완벽 분석

시험 대비
적중 문항
수록

중학 수학
내신 대비
기출문제집

1-1 기말고사

부록

실전 모의고사
+
최종 마무리 50제

중학 수학
내신 대비
기출문제집

1-1 기말고사

정답과 풀이

Ⅲ. 문자와 식

1 문자의 사용과 식의 계산

본문 8~9쪽
✅ **개념 체크**

01 (1) $(3 \times a)$살 (2) $(100 \times x + 500 \times y)$원

  (3) $(a \times a)\text{cm}^2$

02 (1) $-6a$ (2) $0.1x$ (3) $-(x-y)$

  (4) $x^3 y$ (5) $-2a + 7b$

03 (1) $-\dfrac{a}{5}$ (2) $a + \dfrac{b}{3}$ (3) $\dfrac{x+y}{4}$ (4) $\dfrac{x}{2} - \dfrac{6}{y}$

04 (1) 3 (2) -3 (3) -7

05 (1) 1 (2) -1

06 (1) x^2, $-4x$, -3, 3 (2) 2, 2 (3) 1, -4 (4) -3

07 (1) ○ (2) ○ (3) × (4) ○ (5) × (6) ×

08 (1) $-8a$ (2) $6b + 4$ (3) $-3x$ (4) $3y - 5$

09 (1) $-5a$ (2) $\dfrac{3}{2}x$ (3) $2x$

10 (1) $5a - 6$ (2) $-2x - 4$

대표 유형
본문 10~13쪽

01 ④	**02** ③, ④	**03** ⑤	**04** $\dfrac{-2(a-b)}{c}$
05 ②	**06** ④	**07** ④	**08** ①	**09** ①
10 $\left(\dfrac{4}{a} + \dfrac{4}{b}\right)$시간	**11** ③	**12** ①	**13** ①
14 1372 m	**15** ④	**16** ③	**17** 3개	**18** ④
19 ②	**20** ③	**21** ③	**22** ①	**23** ③
24 ④	**25** ②	**26** ④	**27** -4
28 ④			

01 ① $0.1 \times x = 0.1x$

② $a \times a \times (-5) = -5a^2$

③ $x \times x \times x = x^3$

⑤ $x \div y \div z = x \times \dfrac{1}{y} \times \dfrac{1}{z} = \dfrac{x}{yz}$

따라서 옳은 것은 ④이다.

02 ① $3 \div x = \dfrac{3}{x}$

② $x \div 3 = \dfrac{x}{3}$

③ $x \times 3 = 3x$

④ $3 \times x = 3x$

⑤ $x \times x \times x = x^3$

따라서 $3x$와 같은 것은 ③, ④이다.

03 $a \div b \times 4 = a \times \dfrac{1}{b} \times 4 = \dfrac{4a}{b}$

04 $(a-b) \div c \times (-2) = (a-b) \times \dfrac{1}{c} \times (-2)$

$$= \dfrac{a-b}{c} \times (-2)$$

$$= \dfrac{-2(a-b)}{c}$$

05 ① $5 \times a \div 2 = 5 \times a \times \dfrac{1}{2} = \dfrac{5}{2}a$

② $3a \div \left(\dfrac{1}{2}b\right) = 3a \div \dfrac{b}{2} = 3a \times \dfrac{2}{b} = \dfrac{6a}{b}$

③ $x \div (y \div 3) = x \div \dfrac{y}{3} = x \times \dfrac{3}{y} = \dfrac{3x}{y}$

④ $a \times (-8) + b \div 7 = -8a + \dfrac{b}{7}$

⑤ $x \div y + (x-y) \times 5 = \dfrac{x}{y} + 5(x-y)$

따라서 옳지 않은 것은 ②이다.

06 ④ 십, 일의 자리의 숫자가 각각 a, b인 두 자리의 자연수는 $10a + b$이다.

따라서 옳지 않은 것은 ④이다.

07 5권에 x원인 공책 한 권의 가격은 $\dfrac{x}{5}$원, 3자루에 y원인 연필 한 자루의 가격은 $\dfrac{y}{3}$원이다.

따라서 진희가 지불해야 할 총 금액은

$\dfrac{x}{5} \times 3 + \dfrac{y}{3} \times 2 = \dfrac{3}{5}x + \dfrac{2}{3}y$(원)

08 (아이스크림 한 개의 가격) $= x - 0.1x = 0.9x$(원)

(음료수 한 개의 가격) $= y - 0.2y = 0.8y$(원)

(지불해야 할 총금액) $= 0.9x \times 3 + 0.8y \times 5$

$$= 2.7x + 4y\text{(원)}$$

09 ① 12자루에 y원인 볼펜 한 자루의 가격은

$$y \div 12 = \frac{y}{12}(원)$$

따라서 옳지 않은 것은 ①이다.

10 $(시간) = \frac{(거리)}{(속력)}$이므로

$(갈 때 걸린 시간) = \frac{4}{a}(시간)$

$(올 때 걸린 시간) = \frac{4}{b}(시간)$

따라서 왕복하는 데 걸린 시간은 $\left(\frac{4}{a} + \frac{4}{b}\right)$시간이다.

11 $0.2 = \frac{1}{5}$이므로 0.2의 역수 $a = 5$

$-1\frac{3}{5} = -\frac{8}{5}$이므로 $-1\frac{3}{5}$의 역수 $b = -\frac{5}{8}$

따라서 $a = 5$, $b = -\frac{5}{8}$를 $\frac{a}{2} + 4b$에 대입하면

$$\frac{a}{2} + 4b = \frac{1}{2} \times a + 4 \times b$$

$$= \frac{1}{2} \times 5 + 4 \times \left(-\frac{5}{8}\right)$$

$$= \frac{5}{2} + \left(-\frac{5}{2}\right) = 0$$

12 $x = -2$를 주어진 식에 각각 대입하면

① $-x^3 = -(-2)^3 = -(-8) = 8$

② $5x + 6 = 5 \times (-2) + 6 = -4$

③ $3x - 1 = 3 \times (-2) - 1 = -7$

④ $x^2 = (-2)^2 = 4$

⑤ $-3x = -3 \times (-2) = 6$

따라서 식의 값이 가장 큰 것은 ①이다.

13 $a = -2$, $b = 3$을 $3ab - a^2$에 대입하면

$$3ab - a^2 = 3 \times (-2) \times 3 - (-2)^2$$

$$= -18 - 4$$

$$= -22$$

14 $t = 20$을 $331 + 0.6t$에 대입하면

$331 + 0.6 \times 20 = 331 + 12 = 343$

즉, 기온이 $20\,°C$일 때, 소리의 속력은 초속 $343\,m$이다.

$(거리) = (속력) \times (시간)$이고, 번개가 치고 4초 후에 천둥소리를 들었으므로 번개가 친 곳까지의 거리는

$343 \times 4 = 1372(m)$

15 ㄱ. x의 계수는 $-\frac{1}{2}$이다.

ㄴ. y의 계수는 -3, 상수항은 1이므로 그 합은 -2이다.

ㄷ. 항은 $-\frac{x}{2}$, $-3y$, 1이므로 모두 3개이다.

따라서 옳은 것은 ㄴ, ㄷ이다.

16 다항식 $-x^2 + 4x - 6$에서 상수항은 -6이므로 옳지 않은 것은 ③이다.

17 ㄴ, ㅂ. x^2의 차수가 2이므로 일차식이 아니다.

ㅁ. 분모에 x가 있으므로 다항식이 아니다.

따라서 일차식은 3개이다.

18 $(-9x + 6) \div \left(-\frac{3}{4}\right) = (-9x + 6) \times \left(-\frac{4}{3}\right)$

$$= -9x \times \left(-\frac{4}{3}\right) + 6 \times \left(-\frac{4}{3}\right)$$

$$= 12x - 8$$

따라서 x의 계수는 12, 상수항은 -8이므로 그 합은

$12 + (-8) = 4$

19 $-2(3x - 5) = -2 \times 3x + (-2) \times (-5) = -6x + 10$

20 ③ $(x + 16) \div 4 = \frac{x + 16}{4} = \frac{x}{4} + \frac{16}{4} = \frac{x}{4} + 4$

21 $(10x - 6) \times \left(-\frac{1}{2}\right) = 10x \times \left(-\frac{1}{2}\right) - 6 \times \left(-\frac{1}{2}\right)$

$$= -5x + 3$$

따라서 $a = -5$, $b = 3$이므로

$a + b = -5 + 3 = -2$

22 $\frac{5x - 13}{3} - 2(x - 3) = \frac{5x - 13}{3} - \frac{6(x - 3)}{3}$

$$= \frac{5x - 13 - 6x + 18}{3}$$

$$= \frac{-x + 5}{3}$$

23 동류항은 문자와 차수가 같은 항이므로 ③ $\frac{1}{3}x^2$이다.

24 상수항끼리는 서로 동류항이므로 동류항끼리 짝지어진 것은 ④이다.

25 ㄱ. $5x - 4x + 1 = x + 1$

ㄴ. $(-1) \times (2x + 1) = -2x - 1$

ㄷ. $3x - 2 - 2x + 3 = x + 1$

ㄹ. $(10x - 5) \div 5 = 2x - 1$

따라서 계산 결과가 같은 것은 ㄱ, ㄷ이다.

26
② $(-2x+1)-(5x-3)=-2x+1-5x+3$
$\qquad\qquad\qquad\qquad =-7x+4$
③ $(9x-5)-2(4x-1)=9x-5-8x+2$
$\qquad\qquad\qquad\qquad =x-3$
④ $(7x+2)+2(-4x-3)=7x+2-8x-6$
$\qquad\qquad\qquad\qquad =-x-4$
⑤ $2(-3x+2)-3(3-2x)=-6x+4-9+6x$
$\qquad\qquad\qquad\qquad =-5$
따라서 옳지 않은 것은 ④이다.

27 $6\left(\dfrac{1}{2}x-\dfrac{2}{3}\right)-(10x-5)\div 5$

$=6\left(\dfrac{1}{2}x-\dfrac{2}{3}\right)-(10x-5)\times\dfrac{1}{5}$

$=(3x-4)-(2x-1)$

$=3x-4-2x+1$

$=x-3$

따라서 $a=1$, $b=-3$이므로

$b-a=-3-1=-4$

28 $9x-[4x-\{-2-(3x-2)\}-7]$
$=9x-\{4x-(-2-3x+2)-7\}$
$=9x-\{4x-(-3x)-7\}$
$=9x-(4x+3x-7)$
$=9x-(7x-7)$
$=9x-7x+7$
$=2x+7$

기출 예상 문제   본문 14~15쪽

01 ③   02 ②   03 $\dfrac{17x+13y}{30}$점   04 ④
05 ①   06 30 m   07 ④   08 ③
09 -18 10 ④   11 ①   12 $6x+2$

01
① $2x\div\dfrac{1}{y}=2x\times y=2xy$

② $5\div x-y=\dfrac{5}{x}-y$

③ $3\div(a+b)=\dfrac{3}{a+b}$

④ $(a+b)\times(-6)=-6(a+b)$

⑤ $a\times(-5)+b\div 2=-5a+\dfrac{b}{2}$

따라서 옳은 것은 ③이다.

02 ㄱ. $a\div b\times c=\dfrac{a}{b}\times c=\dfrac{ac}{b}$

ㄴ. $a\times b\div c=ab\times\dfrac{1}{c}=\dfrac{ab}{c}$

ㄷ. $a\times(b\div c)=a\times\dfrac{b}{c}=\dfrac{ab}{c}$

ㄹ. $a\div(b\div c)=a\div\dfrac{b}{c}=a\times\dfrac{c}{b}=\dfrac{ac}{b}$

따라서 식을 간단히 한 결과가 $\dfrac{ac}{b}$와 같은 것은 ㄱ, ㄹ이다.

03 남학생의 수학 총점은 $17x$점, 여학생의 수학 총점은 $13y$점이므로 전체 학생의 수학 총점은 $(17x+13y)$점이다.

따라서 수학 평균 점수는 $\dfrac{17x+13y}{30}$점이다.

04 ④ 정가가 15000원인 옷을 $a\%$ 할인받아 구입했다면 실제 지불한 금액은

$15000-15000\times\dfrac{a}{100}=15000-150a$(원)

05 $x=-6$, $y=\dfrac{1}{3}$을 $x^2y-\dfrac{2}{y}$에 대입하면

$x^2y-\dfrac{2}{y}=x^2\times y-2\div y=(-6)^2\times\dfrac{1}{3}-2\div\dfrac{1}{3}$

$\qquad\qquad =36\times\dfrac{1}{3}-2\times 3$

$\qquad\qquad =12-6=6$

06 $t=3$을 주어진 식에 대입하면

$25t-5t^2=25\times 3-5\times 3^2$

$\qquad\qquad =75-45=30(\text{m})$

07 ④ 항은 $2x$, $-3y$, -1의 3개이다.

따라서 옳지 않은 것은 ④이다.

08 일차식은 $-3a+5$, $\dfrac{1}{4}x$, $7-\dfrac{y}{2}$이므로 모두 3개이다.

09 $(18x-6)\div\left(-\dfrac{2}{3}\right)=(18x-6)\times\left(-\dfrac{3}{2}\right)$

$\qquad\qquad\qquad\qquad =-27x+9$

따라서 x의 계수는 -27, 상수항은 9이므로 그 합은
$-27+9=-18$

10 동류항은 문자와 차수가 같은 항이므로 동류항끼리 짝
지어진 것은 ④이다.

11 $4(2-3x)-3(x-5)=8-12x-3x+15$
$\qquad\qquad\qquad\qquad\quad =-15x+23$
따라서 x의 계수는 $a=-15$, 상수항은 $b=23$이므로
$a+b=-15+23=8$

12 $5x-[2x-5+3\{2x-(3x-1)\}]$
$=5x-\{2x-5+3(2x-3x+1)\}$
$=5x-\{2x-5+3(-x+1)\}$
$=5x-(2x-5-3x+3)$
$=5x-(-x-2)$
$=5x+x+2$
$=6x+2$

고난도 집중연습

본문 16~17쪽

1 $4n-4$	**1-1** $8n+4$	**2** $-\dfrac{1}{6}$	**2-1** $\dfrac{2}{5}$
3 $6x-2$	**3-1** $8x-8$		
4 $34a-23$	**4-1** $(400-8x)$ m		

1 풀이 전략 정사각형의 한 변에 놓인 바둑돌이 1개, 2개, 3개,
4개, …로 늘어날 때, 정사각형에 사용한 바둑돌의 개수를
관찰하여 규칙을 찾는다.

한 변에 놓인 바둑돌의 개수	2개	3개	4개	5개	…
바둑돌 전체의 개수	4×1	4×2	4×3	4×4	…

따라서 한 변에 놓인 바둑돌이 n개일 때, 이 정사각형
에 사용한 바둑돌의 개수는
$4\times(n-1)=4n-4$

1-1 풀이 전략 정사각형의 개수가 1개, 2개, 3개, 4개, …로 늘
어날 때, 사용한 바둑돌 전체의 개수를 관찰하여 규칙을 찾
는다.

정사각형의 개수	바둑돌 전체의 개수
1	12
2	$12+8\times1$
3	$12+8\times2$
4	$12+8\times3$
…	…

정사각형이 n개일 때, 사용한 바둑돌의 개수는
$12+8(n-1)=12+8n-8=8n+4$

2 풀이 전략 $a:b=c:d$이면 $ad=bc$임을 이용하여 주어
진 두 문자 사이의 관계를 찾고, 대입을 이용하여 식의 값
을 구한다.
$a:b=1:3$에서 $b=3a$
$b=3a$를 $\dfrac{2a-b}{3a+b}$에 대입하면
$\dfrac{2a-b}{3a+b}=\dfrac{2a-3a}{3a+3a}=\dfrac{-a}{6a}=-\dfrac{1}{6}$

2-1 풀이 전략 $a:b=c:d$이면 $ad=bc$임을 이용하여 주어
진 두 문자 사이의 관계를 찾고, 대입을 이용하여 식의 값
을 구한다.
$a:b=3:2$에서 $3b=2a$, $6b=4a$
$3b=2a$, $6b=4a$를 $\dfrac{4a-3b}{a+6b}$에 대입하면
$\dfrac{4a-3b}{a+6b}=\dfrac{4a-2a}{a+4a}=\dfrac{2a}{5a}=\dfrac{2}{5}$

3 풀이 전략 가로, 세로, 대각선에 놓인 세 식의 합이 같으므
로 그 합을 이용하여 먼저 B를 구한다.
가로, 세로, 대각선에 놓인 세 식의 합이 같으므로
그 합은
$(-3x-4)+(x-2)+5x=3x-6$
맨 오른쪽 세로줄에서
$B+5x+(-5)=3x-6$에서
$B+5x-5=3x-6$
$B=-2x-1$
오른쪽 위로 향하는 대각선에서
$A+(x-2)+B=3x-6$
$A+x-2-2x-1=3x-6$
$A-x-3=3x-6$
$A=4x-3$

따라서
$$A-B=4x-3-(-2x-1)$$
$$=4x-3+2x+1$$
$$=6x-2$$

3-1 풀이 전략 가로, 세로, 대각선에 놓인 세 식의 합이 같으므로 그 합을 이용하여 먼저 B를 구한다.

가로, 세로, 대각선에 놓인 세 식의 합이 같으므로 그 합은
$$(x+2)+(2x-1)+(3x-4)=6x-3$$
맨 오른쪽 세로줄에서
$$(5x-2)+(3x-4)+B=6x-3$$
$$8x-6+B=6x-3$$
$$B=-2x+3$$
오른쪽 아래로 향하는 대각선에서
$$A+(2x-1)+B=6x-3$$
$$A+2x-1-2x+3=6x-3$$
$$A+2=6x-3$$
$$A=6x-5$$
따라서
$$A-B=(6x-5)-(-2x+3)$$
$$=6x-5+2x-3$$
$$=8x-8$$

4 풀이 전략 도형의 넓이를 두 개의 직사각형의 넓이의 합으로 생각한다.

오른쪽 그림에서
(도형의 넓이)
$$=3(3a-1)+5(5a-4)$$
$$=9a-3+25a-20$$
$$=34a-23$$

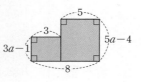

4-1 풀이 전략 길을 제외한 땅의 가로의 길이, 세로의 길이를 각각 구한다.

오른쪽 그림의 네 직사각형에서 가로의 길이를 모두 더하면
$$4(60-x)\,\text{m}$$
세로의 길이를 모두 더하면
$$4(40-x)\,\text{m}$$
따라서 길을 제외한 땅의 둘레의 길이는
$$4(60-x)+4(40-x)=240-4x+160-4x$$
$$=400-8x\,(\text{m})$$

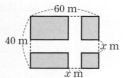

서술형 집중 연습

본문 18~19쪽

예제 **1** $(320-80a)$ km	유제 **1** $\dfrac{a+300}{1000}$ 분
예제 **2** 15	유제 **2** $-\dfrac{7}{2}$
예제 **3** -4	유제 **3** 1
예제 **4** $x+2$	유제 **4** $5x+14$

예제 1 (거리)=(속력)×(시간)이므로

시속 80 km로 a시간 동안 달린 거리는
$80a$ km   · · · 1단계

두 지점 A, B 사이의 거리는 320 km이므로

남은 거리는 $320-80a$ km이다.   · · · 2단계

채점 기준표

단계	채점 기준	비율
1단계	a시간 동안 달린 거리를 구한 경우	50 %
2단계	남은 거리를 구한 경우	50 %

유제 1 시속 60 km는 분속 1000 m이고, 기차가 다리를 완전히 통과할 때까지 달린 거리는 $(a+300)$ m이다.
· · · 1단계

(시간)$=\dfrac{(거리)}{(속력)}$이므로 기차가 다리를 완전히 통과하는 데 걸리는 시간은 $\dfrac{a+300}{1000}$ 분이다.
· · · 2단계

채점 기준표

단계	채점 기준	비율
1단계	기차가 다리를 완전히 통과할 때까지 달린 거리를 구한 경우	50 %
2단계	기차가 다리를 완전히 통과하는 데 걸리는 시간을 구한 경우	50 %

예제 2 x의 계수가 -3, 상수항이 1인 x에 대한 일차식은 $-3x+1$ 이다.
· · · 1단계

$x=-2$일 때, $a=-3\times(-2)+1=\boxed{7}$

$x=3$일 때, $b=-3\times3+1=\boxed{-8}$
· · · 2단계

따라서 $a-b=7-(-8)=\boxed{15}$ · · · 3단계

채점 기준표

단계	채점 기준	비율
1단계	일차식을 구한 경우	30 %
2단계	a, b의 값을 각각 구한 경우	50 %
3단계	$a-b$의 값을 구한 경우	20 %

유제 2 x의 계수가 $-\dfrac{1}{2}$, 상수항이 3인 x에 대한 일차식은

$-\dfrac{1}{2}x+3$이다. ··· **1단계**

$x=-4$일 때,

$a=-\dfrac{1}{2}\times(-4)+3=2+3=5$

$x=3$일 때,

$b=-\dfrac{1}{2}\times3+3=-\dfrac{3}{2}+3=\dfrac{3}{2}$ ··· **2단계**

따라서 $b-a=\dfrac{3}{2}-5=-\dfrac{7}{2}$ ··· **3단계**

채점 기준표

단계	채점 기준	비율
1단계	일차식을 구한 경우	30 %
2단계	a, b의 값을 각각 구한 경우	50 %
3단계	$b-a$의 값을 구한 경우	20 %

예제 3 $\dfrac{x-5}{2}-\dfrac{2x+1}{3}-x$

$=\dfrac{\boxed{3}(x-5)}{6}-\dfrac{2(2x+1)}{\boxed{6}}-\dfrac{6x}{6}$

$=\dfrac{3x-\boxed{15}-4x-\boxed{2}-6x}{6}$

$=\dfrac{\boxed{-7}x-\boxed{17}}{6}$ ··· **1단계**

따라서 x의 계수는 $\boxed{-\dfrac{7}{6}}$, 상수항은 $\boxed{-\dfrac{17}{6}}$이므로

··· **2단계**

그 합은 $-\dfrac{7}{6}+\left(-\dfrac{17}{6}\right)=\boxed{-4}$ ··· **3단계**

채점 기준표

단계	채점 기준	비율
1단계	주어진 다항식을 계산한 경우	50 %
2단계	x의 계수와 상수항을 구한 경우	20 %
3단계	x의 계수와 상수항의 합을 각각 구한 경우	30 %

유제 3 $3x-\dfrac{5-x}{4}-\dfrac{5x-2}{3}$

$=\dfrac{36x}{12}-\dfrac{3(5-x)}{12}-\dfrac{4(5x-2)}{12}$

$=\dfrac{36x-15+3x-20x+8}{12}$

$=\dfrac{19x-7}{12}$ ··· **1단계**

따라서 x의 계수 $a=\dfrac{19}{12}$, 상수항 $b=-\dfrac{7}{12}$이므로

··· **2단계**

$a+b=\dfrac{19}{12}+\left(-\dfrac{7}{12}\right)=1$ ··· **3단계**

채점 기준표

단계	채점 기준	비율
1단계	주어진 다항식을 계산한 경우	50 %
2단계	a, b의 값을 각각 구한 경우	20 %
3단계	$a+b$의 값을 구한 경우	30 %

예제 4 어떤 식에서 $2x-5$를 더하였더니 $5x-8$이 되었으므로

(어떤 식)$+(2x-5)=\boxed{5x-8}$

(어떤 식)$=\boxed{3x-3}$ ··· **1단계**

바르게 계산한 식은 어떤 식에서 $2x-5$를 빼야 하므로

(어떤 식)$-(2x-5)=\boxed{3x-3}-(2x-5)$

$\qquad=3x-3-2x+5$

$\qquad=\boxed{x+2}$ ··· **2단계**

채점 기준표

단계	채점 기준	비율
1단계	어떤 식을 구한 경우	50 %
2단계	바르게 계산한 식을 구한 경우	50 %

유제 4 어떤 식에서 $3x+4$를 뺐더니 $6-x$가 되었으므로

(어떤 식)$-(3x+4)=6-x$

(어떤 식)$-3x-4=-x+6$

(어떤 식)$=2x+10$ ··· **1단계**

따라서 바르게 계산한 식은 어떤 식에 $3x+4$를 더해야 하므로

(어떤 식)$+(3x+4)$

$=2x+10+3x+4$

$=5x+14$ ··· **2단계**

채점 기준표

단계	채점 기준	비율
1단계	어떤 식을 구한 경우	50 %
2단계	바르게 계산한 식을 구한 경우	50 %

01 ⑤	02 ④	03 ⑤	04 ③	05 ②
06 ①	07 ②	08 ⑤	09 ②	10 ⑤
11 ④	12 ③	13 25		

14 $4y$, x, $-6x$, $-3x$ **15** $9x-21$ **16** $10x+3$

01 ① $a \times b \times 2 = 2ab$

② $0.1 \times x = 0.1x$

③ $x \div y \times z = x \times \dfrac{1}{y} \times z = \dfrac{xz}{y}$

④ $a + b \div 3 = a + \dfrac{b}{3}$

따라서 옳은 것은 ⑤이다.

02 $a \div b \div c = a \times \dfrac{1}{b} \times \dfrac{1}{c} = \dfrac{a}{bc}$

① $a \div (b \div c) = a \div \dfrac{b}{c} = a \times \dfrac{c}{b} = \dfrac{ac}{b}$

② $a \div b \times c = a \times \dfrac{1}{b} \times c = \dfrac{ac}{b}$

③ $a \times b \div c = a \times b \times \dfrac{1}{c} = \dfrac{ab}{c}$

④ $a \div (b \times c) = \dfrac{a}{b \times c} = \dfrac{a}{bc}$

⑤ $a \times b \times c = abc$

따라서 $a \div b \div c$와 같은 것은 ④이다.

03 ① 세 수 a, b, c의 평균은 $\dfrac{a+b+c}{3}$이다.

② 한 변의 길이가 x cm인 정사각형의 둘레의 길이는 $4x$ cm이다.

③ 십의 자리의 숫자가 a, 일의 자리의 숫자가 b인 두 자리의 자연수는 $10a+b$이다.

④ 정가가 p원인 물건을 20 % 할인하여 판매할 때의 물건의 가격은 $p - p \times \dfrac{20}{100} = 0.8p$(원)이다.

따라서 옳은 것은 ⑤이다.

04 전체 300명 회원 중 남자 회원의 비율이 a %이므로 남자 회원의 수는 $300 \times \dfrac{a}{100} = 3a$(명)이다.

05 $x=3$, $y=-6$을 각각의 식에 대입하면

① $y - 2x = -6 - 2 \times 3 = -12$

② $\dfrac{y}{x} = \dfrac{-6}{3} = -2$

③ $xy = 3 \times (-6) = -18$

④ $-xy^2 = -3 \times (-6)^2 = -3 \times 36 = -108$

⑤ $3x + 2y = 3 \times 3 + 2 \times (-6) = 9 - 12 = -3$

따라서 식의 값이 가장 큰 것은 ②이다.

06 $\dfrac{1}{a} = 4$, $\dfrac{1}{b} = -6$, $\dfrac{1}{c} = 8$이므로

$\dfrac{1}{a} - \dfrac{2}{b} + \dfrac{3}{c} = 4 - 2 \times (-6) + 3 \times 8$

$\qquad\qquad = 4 + 12 + 24$

$\qquad\qquad = 40$

07 ② 다항식 $\dfrac{x^2}{2} - 9x - 1$의 x^2의 계수는 $\dfrac{1}{2}$이다.

08 $(4x - 12) \div \left(-\dfrac{4}{3}\right) = (4x - 12) \times \left(-\dfrac{3}{4}\right)$

$\qquad\qquad = 4x \times \left(-\dfrac{3}{4}\right) - 12 \times \left(-\dfrac{3}{4}\right)$

$\qquad\qquad = -3x + 9$

따라서 x의 계수는 -3, 상수항은 9이므로 구하는 합은 $-3 + 9 = 6$

09 동류항은 문자와 차수가 각각 같은 항이므로

ㄱ. 5, -4 ㄴ. $7a$, $-7a$ ㄹ. $-y^2$, $-3y^2$

이다.

10 ⑤ $-3(2x + 1) + \dfrac{1}{3}(9x + 12)$

$\quad = -6x - 3 + 3x + 4$

$\quad = -3x + 1$

11 $\dfrac{2x-3}{6} - 0.5(2x + 1)$

$= \dfrac{2x-3}{6} - \dfrac{1}{2}(2x + 1)$

$= \dfrac{2x-3}{6} - \dfrac{3(2x+1)}{6}$

$= \dfrac{2x-3-6x-3}{6}$

$= \dfrac{-4x-6}{6}$

$= -\dfrac{2}{3}x - 1$

따라서 x의 계수는 $-\dfrac{2}{3}$, 상수항은 -1이므로 그 곱은

$-\dfrac{2}{3} \times (-1) = \dfrac{2}{3}$

12 n이 자연수일 때, $2n$은 짝수, $2n+1$은 홀수이므로

$(-1)^{2n}=1$, $(-1)^{2n+1}=-1$

$(-1)^{2n} \times \dfrac{5x-1}{4} - (-1)^{2n+1} \times \dfrac{x+6}{2}$

$= 1 \times \dfrac{5x-1}{4} - (-1) \times \dfrac{x+6}{2}$

$= \dfrac{5x-1}{4} + \dfrac{x+6}{2}$

$= \dfrac{5x-1+2x+12}{4}$

$= \dfrac{7x+11}{4}$

따라서 x의 계수 $a = \dfrac{7}{4}$, 상수항 $b = \dfrac{11}{4}$ 이므로

$a - b = \dfrac{7}{4} - \dfrac{11}{4} = -1$

13 x의 계수가 5이고 상수항이 -3인 일차식은 $5x-3$이다. ··· **1단계**

$x=2$를 $5x-3$에 대입하면

$a = 5 \times 2 - 3 = 7$

$x=-3$을 $5x-3$에 대입하면

$b = 5 \times (-3) - 3 = -18$ ··· **2단계**

따라서

$a-b = 7 - (-18) = 25$ ··· **3단계**

채점 기준표

단계	채점 기준	비율
1단계	일차식을 구한 경우	30 %
2단계	a, b의 값을 각각 구한 경우	50 %
3단계	$a-b$의 값을 구한 경우	20 %

14 동류항은 $6y$, $-2y$와 $-x$, $2x$, $-5x$이므로 ··· **1단계**

2개씩 골라 동류항끼리 나타내면

$6y$와 $-2y$, $-x$와 $2x$, $-x$와 $-5x$, $2x$와 $-5x$ ··· **2단계**

따라서 각 동류항끼리 더하면

$6y + (-2y) = 4y$, $-x + 2x = x$,

$-x + (-5x) = -6x$, $2x + (-5x) = -3x$

이므로 나올 수 있는 모든 식은 $4y$, x, $-6x$, $-3x$이다. ··· **3단계**

채점 기준표

단계	채점 기준	비율
1단계	동류항을 모두 찾은 경우	30 %
2단계	2개씩 고를 수 있는 동류항의 짝을 모두 찾은 경우	30 %
3단계	동류항의 합을 모두 구한 경우	40 %

15 B에 $-3x+5$를 더하면 $x-2$이므로

$B + (-3x+5) = x-2$

$B - 3x + 5 = x - 2$

$B = 4x - 7$ ··· **1단계**

A에서 $x-7$을 빼면 B이므로

$A - (x-7) = 4x - 7$

$A - x + 7 = 4x - 7$

$A = 5x - 14$ ··· **2단계**

따라서

$A + B = 5x - 14 + 4x - 7$

$= 9x - 21$ ··· **3단계**

채점 기준표

단계	채점 기준	비율
1단계	B의 식을 구한 경우	40 %
2단계	A의 식을 구한 경우	40 %
3단계	$A+B$를 계산한 경우	20 %

16 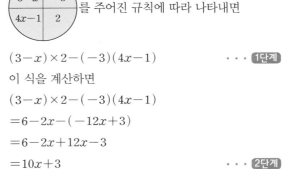 를 주어진 규칙에 따라 나타내면

$(3-x) \times 2 - (-3)(4x-1)$ ··· **1단계**

이 식을 계산하면

$(3-x) \times 2 - (-3)(4x-1)$

$= 6 - 2x - (-12x + 3)$

$= 6 - 2x + 12x - 3$

$= 10x + 3$ ··· **2단계**

채점 기준표

단계	채점 기준	비율
1단계	주어진 규칙에 따라 식으로 나타낸 경우	50 %
2단계	식을 계산한 경우	50 %

01 ④	**02** ①	**03** ①	**04** ④	**05** ④
06 ⑤	**07** ④, ⑤	**08** ①	**09** ③	**10** ④
11 ⑤	**12** ③	**13** 73500원		**14** -4
15 -8	**16** $6n-3$			

01 ① $(-0.1) \times a \times b = -0.1ab$

② $x \div 4 + y \div 5 = \dfrac{x}{4} + \dfrac{y}{5}$

③ $x \div \dfrac{1}{y} \div \dfrac{1}{z} = x \times y \times z = xyz$

④ $6 \div (x+y) \times (-x)$

$= 6 \times \dfrac{1}{x+y} \times (-x) = -\dfrac{6x}{x+y}$

⑤ $(a+b) \div (c \div 4) = (a+b) \div \dfrac{c}{4} = (a+b) \times \dfrac{4}{c}$

$\qquad\qquad = \dfrac{4(a+b)}{c}$

따라서 옳은 것은 ④이다.

02 $x \div y \div z = x \times \dfrac{1}{y} \times \dfrac{1}{z} = \dfrac{x}{yz}$ 이고

$\dfrac{x}{yz} = x \times \dfrac{1}{yz} = x \div yz = x \boxed{\div} (y \boxed{\times} z)$

따라서 □ 안에 알맞은 기호를 차례대로 쓰면 $\div$, $\times$ 이다.

03 학생들이 8명씩 앉지 않은 의자는 $(2+1)$개이므로 8명이 모두 앉은 의자는 $(x-3)$개이다.

따라서 학생 수는

$8(x-3)+4 = 8x-24+4 = 8x-20$(명)

04 $a=3$, $b=-2$를 $(3-ab)-(6-a)$에 대입하면

$(3-ab)-(6-a)$

$= \{3-3 \times (-2)\} - (6-3)$

$= (3+6) - 3$

$= 6$

05 $a=32$, $b=68$을 $40.6+0.72(a+b)$에 대입하면

$40.6+0.72(a+b) = 40.6+0.72 \times (32+68)$

$\qquad\qquad\qquad = 40.6 + 0.72 \times 100$

$\qquad\qquad\qquad = 112.6$

따라서 구하는 불쾌지수는 112.6이다.

06 ⑤ $2(x-1)-2x = 2x-2-2x = -2$

07 ④ $\dfrac{15x-4}{3} = 5x - \dfrac{4}{3}$

⑤ $(-4+x) \times (-2) = 8-2x$

따라서 옳지 않은 것은 ④, ⑤이다.

08 $2x-7-8x+4 = -6x-3$

09 $\dfrac{2}{3}(6x-9) + \dfrac{1}{2}(4x+10)$

$= \dfrac{2}{3} \times 6x - \dfrac{2}{3} \times 9 + \dfrac{1}{2} \times 4x + \dfrac{1}{2} \times 10$

$= 4x-6+2x+5$

$= 6x-1$

10 사각형의 넓이는 두 직각삼각형의 넓이의 합이므로

(사각형의 넓이)

$= \dfrac{1}{2} \times 10 \times (2x+1) + \dfrac{1}{2} \times 8 \times (3x-1)$

$= 5(2x+1) + 4(3x-1)$

$= 10x+5+12x-4$

$= 22x+1$

11 $2x - [6x - \{3x+1-(-6x-1)\}]$

$= 2x - \{6x - (3x+1+6x+1)\}$

$= 2x - \{6x - (9x+2)\}$

$= 2x - (6x-9x-2)$

$= 2x - (-3x-2)$

$= 2x+3x+2$

$= 5x+2$

따라서 $a=5$, $b=2$이므로

$ab = 5 \times 2 = 10$

12 주어진 식을 각각 계산하면

$3x-5-2x+6 = x+1$

$x-1 + \dfrac{4x+8}{2} = x-1+2x+4 = 3x+3$

$6(2x+3) - 2(4x+7) = 12x+18-8x-14$

$\qquad\qquad\qquad\qquad = 4x+4$

이때 아래 식은 위의 식보다 x의 계수와 상수항이 1씩 커진다.

따라서 구하는 일차식은 $2x+2$이다.

13 한 벌에 25000원인 바지를 $a\,\%$ 할인한 가격은

$25000-25000\times\dfrac{a}{100}=25000-250a$(원)

한 장에 15000원인 티셔츠를 $b\,\%$ 할인한 가격은

$15000-15000\times\dfrac{b}{100}=15000-150b$(원)

$\cdots$ **1단계**

따라서 지불해야 할 금액을 식으로 나타내면

$(25000-250a)+4(15000-150b)$

$=25000-250a+60000-600b$

$=85000-250a-600b$ $\cdots$ **2단계**

따라서 $a=10$, $b=15$를 $85000-250a-600b$에 대입하면

$85000-250a-600b$

$=85000-250\times10-600\times15$

$=85000-2500-9000$

$=73500$(원) $\cdots$ **3단계**

채점 기준표

단계	채점 기준	비율
1단계	바지와 티셔츠의 할인된 가격을 식으로 나타낸 경우	30 %
2단계	지불해야 할 금액을 식으로 나타낸 경우	30 %
3단계	지불해야 할 금액을 구한 경우	40 %

14 다항식 $-x^2-4x+2$에서

x의 계수 $a=-4$

다항식의 차수 $b=2$

상수항 $c=2$ $\cdots$ **1단계**

따라서 $a-b+c=-4-2+2=-4$ $\cdots$ **2단계**

채점 기준표

단계	채점 기준	비율
1단계	a, b, c의 값을 각각 구한 경우	70 %
2단계	$a-b+c$의 값을 구한 경우	30 %

15 x의 계수가 -4인 일차식을 $-4x+p$(p는 상수)라고 하자.

$x=1$을 $-4x+p$에 대입하면

$a=-4\times1+p=-4+p$ $\cdots$ **1단계**

$x=3$을 $-4x+p$에 대입하면

$b=-4\times3+p=-12+p$ $\cdots$ **2단계**

따라서

$b-a=-12+p-(-4+p)$

$\qquad=-12+4=-8$ $\cdots$ **3단계**

채점 기준표

단계	채점 기준	비율
1단계	a의 값을 구한 경우	30 %
2단계	b의 값을 구한 경우	30 %
3단계	$b-a$의 값을 구한 경우	40 %

16 1, 3, 5 또는 9, 11, 13과 같이 연속된 세 홀수는 이웃한 수와의 차가 항상 2이다.

연속된 세 개의 홀수 중 가장 작은 수를 $2n-3$이라고 하면 나머지 두 홀수는

$2n-3+2=2n-1$

$2n-1+2=2n+1$ $\cdots$ **1단계**

따라서 연속된 세 홀수의 합은

$(2n-3)+(2n-1)+(2n+1)=6n-3$ $\cdots$ **2단계**

채점 기준표

단계	채점 기준	비율
1단계	나머지 두 홀수를 n을 사용한 식으로 나타낸 경우	50 %
2단계	연속된 세 홀수의 합을 n을 사용한 식으로 나타낸 경우	50 %

Ⅲ. 문자와 식

2 일차방정식

01 (1) ×   (2) ○   (3) ○   (4) ×

02 (1) $3x-4=11$ (2) $15-2x=5$

03 (1) $x=2$ (2) $x=3$

04 (1) ○   (2) ×   (3) ×   (4) ○

05 $1,\ 1,\ 1,\ 4,\ -2,\ -2,\ -2,\ -2$

06 (1) $3x=13+5$ (2) $5x-2x=-9-3$

07 (1) ×   (2) ○   (3) ×   (4) ○

08 (1) $x=3$ (2) $x=-5$ (3) $x=4$ (4) $x=2$

09 (1) $(x-4)$살   (2) $x+(x-4)=30$
     (3) 형 17살, 동생 13살

01 ④	**02** ②, ⑤	**03** ③	**04** ⑤	**05** ③
06 ②	**07** ③, ④	**08** ③	**09** ㄷ, ㄱ, ㄹ	
10 ④	**11** ④	**12** ①	**13** ①	**14** ④
15 ②	**16** $x=5$	**17** $a=4$	**18** ③	**19** ①
20 ③	**21** ④	**22** 57	**23** ②	
24 23개	**25** ④			

01 ① $x-6=4x$

② $5000-3x=2000$

③ $2(6+x)=40$

⑤ (거리)=(속력)×(시간)이므로 $2x=12$

따라서 옳은 것은 ④이다.

02 ① 다항식

③, ④ 부등호를 사용한 식

따라서 등식인 것은 ②, ⑤이다.

03 어떤 수 x의 4배에 6을 더한 수는 $4x+6$

8에서 x를 뺀 수의 3배는 $3(8-x)$

따라서 주어진 문장을 등식으로 나타내면

$4x+6=3(8-x)$

04 [ ] 안의 수를 각각의 방정식에 대입하면

① $2-2×2≠-5$ (거짓)

② $4-8≠6$ (거짓)

③ $\dfrac{-6}{2}+1≠4$ (거짓)

④ $3(3-2)≠4$ (거짓)

⑤ $3×(-1)+1=-1-1$ (참)

따라서 [ ] 안의 수가 주어진 방정식의 해인 것은 ⑤
이다.

05 $x=2$를 각각의 방정식에 대입하면

① $2-3=-1$ (참)

② $3×2+2=10-2$ (참)

③ $2(2-1)≠-6$ (거짓)

④ $\dfrac{2}{3}×(2+1)=2$ (참)

⑤ $2+1=\dfrac{2+4}{2}$ (참)

따라서 $x=2$가 해가 아닌 것은 ③이다.

06 x의 값 $-2,\ -1,\ 0,\ 1,\ 2$를 방정식
$2(2x+1)=x-1$에 차례로 대입하면

$x=-2$일 때, $2×\{2×(-2)+1\}≠-2-1$ (거짓)

$x=-1$일 때, $2×\{2×(-1)+1\}=-1-1$ (참)

$x=0$일 때, $2×(2×0+1)≠0-1$ (거짓)

$x=1$일 때, $2×(2×1+1)≠1-1$ (거짓)

$x=2$일 때, $2×(2×2+1)≠2-1$ (거짓)

따라서 x의 값이 $-2,\ -1,\ 0,\ 1,\ 2$일 때, 방정식
$2(2x+1)=x-1$의 해는 $x=-1$이다.

07 ① $c=0$일 때는 성립하지 않는다.

     예를 들면 $a=3,\ b=4,\ c=0$일 때, $ac=bc$이지만
     $a≠b$이다.

② 0으로 나눌 수 없으므로 $c=0$일 때는 성립하지 않
     는다

③ $5a=6b$의 양변을 30으로 나누면 $\dfrac{a}{6}=\dfrac{b}{5}$

④ $a=b$의 양변에 -1을 곱하면 $-a=-b$

     $-a=-b$의 양변에 8을 더하면

     $8-a=8-b$

⑤ $a=3b$의 양변에서 3을 빼면

     $a-3=3b-3=3(b-1)$이므로

     $a-3≠3(b-3)$

따라서 옳은 것은 ③, ④이다.

08 ③ $a=b$에서

양변에 -5를 곱하면

$-5a=-5b$

양변에서 $5b$를 빼면

$-5a-5b=-5b-5b$

$-5a-5b=-10b$

이때 $-10b$는 0일 수도 0이 아닐 수도 있다.

따라서 옳지 않은 것은 ③이다.

09 $\dfrac{3x-2}{4}=1$에서

양변에 4를 곱하면

$3x-2=4$

양변에 2를 더하면

$3x=6$

양변을 3으로 나누면

$x=2$

따라서 (가)-ㄷ, (나)-ㄱ, (다)-ㄹ이다.

10 ① $x-x^2+3=0$이므로 일차방정식이 아니다.

④ $3x-3=0$이므로 일차방정식이다.

⑤ $x^2-4x+2=0$이므로 일차방정식이 아니다.

11 ① $6-3x=2$에서 6을 이항하면 $-3x=2-6$

② $-3x=1$에서 x의 계수 -3만은 이항을 할 수 없다.

③ $4x=x+12$에서 x를 이항하면 $4x-x=12$

④ $5-x=-2x$에서 5, $-2x$를 이항하면

$-x+2x=-5$

⑤ $3x+6=2x-1$에서 6, $2x$를 이항하면

$3x-2x=-1-6$

따라서 바르게 이항한 것은 ④이다.

12 $2x+5=1-ax$에서

$2x+ax+5-1=0$

$(2+a)x+4=0$

이때 x에 대한 일차방정식이 되기 위한 조건은

$2+a\neq0$이므로 $a\neq-2$

13 $2x+5=1-2x$에서

$2x+2x=1-5$

$4x=-4$

$x=-1$

따라서 $a=-1$을 $-2(1-a)$에 대입하면

$-2\times\{1-(-1)\}=-2\times2=-4$

14 ① $2x+1=x+6$에서

$2x-x=6-1$

$x=5$

② $5x-9=3x+1$에서

$5x-3x=1+9$

$2x=10$

$x=5$

③ $3x+1=4(x-1)$에서

$3x+1=4x-4$

$-x=-5$

$x=5$

④ $3(x+2)=5x+24$에서

$3x+6=5x+24$

$-2x=18$

$x=-9$

⑤ $6(x+1)=3(x+7)$에서

$6x+6=3x+21$

$3x=15$

$x=5$

15 $\dfrac{x+5}{3}-\dfrac{3x-2}{2}=3$에서 양변에 6을 곱하면

$2(x+5)-3(3x-2)=18$

$2x+10-9x+6=18$

$-7x+16=18$

$-7x=2$

따라서 $x=-\dfrac{2}{7}$

16 $0.2x+1.5=\dfrac{1}{4}(x+5)$의 양변에 20을 곱하면

$4x+30=5(x+5)$

$4x+30=5x+25$

$-x=-5$

따라서 $x=5$

17 $3x-5=8x+15$에서

$-5x=20$

$x=-4$

$x=-4$를 $\dfrac{x}{2}-\dfrac{x-2a}{4}=1$에 대입하면

$\dfrac{-4}{2}-\dfrac{-4-2a}{4}=1$, $-2+1+\dfrac{1}{2}a=1$

$\dfrac{1}{2}a=2$

따라서 $a=4$

18 $2x+3=3(2x-1)-4$에서

$2x+3=6x-3-4$

$-4x=-10$

$x=\dfrac{5}{2}$

$x=\dfrac{5}{2}$를 $ax+1=x+a$에 대입하면

$\dfrac{5}{2}a+1=\dfrac{5}{2}+a$

양변에 2를 곱하면

$5a+2=5+2a$

$3a=3$

따라서 $a=1$

19 $x=-2$를 $\dfrac{a(1-x)}{3}-\dfrac{2+ax}{4}=\dfrac{1}{6}$에 대입하면

$\dfrac{a\{1-(-2)\}}{3}-\dfrac{2+a\times(-2)}{4}=\dfrac{1}{6}$

$a-\dfrac{2-2a}{4}=\dfrac{1}{6}$

양변에 12를 곱하면

$12a-3(2-2a)=2$

$12a-6+6a=2$

$18a=8$

따라서 $a=\dfrac{4}{9}$

20 세 자연수 중 가장 큰 수를 x라고 하면
연속한 세 자연수는 $x-2$, $x-1$, x이다.
연속한 세 자연수의 합이 114이므로

$(x-2)+(x-1)+x=114$

$3x-3=114$

$3x=117$

$x=39$

따라서 가장 큰 수는 39이다.

21 어떤 수를 x라고 하면

$2x+7=5(x-1)$

$2x+7=5x-5$

$-3x=-12$

$x=4$

따라서 어떤 수는 4이다.

22 처음 수의 일의 자리의 숫자를 x라고 하면
(처음 수)$=10\times5+x=50+x$,
(바꾼 수)$=10\times x+5=10x+5$이므로

$10x+5=(50+x)+18$

$10x+5=x+68$

$9x=63$

$x=7$

따라서 처음 수는 $50+7=57$

23 토끼의 수를 x마리라고 하면 닭의 수는 $(15-x)$마리
이므로

$4x+2(15-x)=54$, $2x+30=54$

$2x=24$

$x=12$

따라서 토끼의 수는 12마리이다.

24 학생 수를 x명이라고 하자.
귤을 3개씩 주면 2개가 남으므로
(귤의 개수)$=3x+2$
귤을 5개씩 주면 12개가 모자라므로
(귤의 개수)$=5x-12$
이때 $3x+2=5x-12$이므로

$-2x=-14$

$x=7$

따라서 귤의 개수는 $3\times7+2=23$(개)

25 등산로의 길이를 x km라고 하면

(시간)$=\dfrac{(거리)}{(속력)}$이고,

(올라갈 때 걸린 시간)$+$(내려올 때 걸린 시간)

$=6$시간

이므로

$\dfrac{x}{2}+\dfrac{x}{4}=6$

$2x+x=24$

$x=8$

따라서 등산로의 길이는 8 km이다.

01 ③, ④	**02** ⑤	**03** ④	**04** ③	**05** ②
06 ⑤	**07** ⑤	**08** ①	**09** ④	**10** ②
11 ①	**12** ③	**13** ①	**14** ①	**15** 11
16 ④	**17** ④	**18** −10	**19** ②	**20** ②
21 ①	**22** ③	**23** 10 m	**24** ⑤	

01 ③ 부등호를 사용한 식
④ 다항식

02 어떤 수 x에 3을 더한 수의 2배를 식으로 나타내면
$2(x+3)$이고 이 수가 어떤 수의 6배보다 18이 크므로
등식으로 나타내면
$2(x+3)=6x+18$

03 ④ 50개의 사탕을 x명에게 6개씩 나누어 주면 2개가
모자라므로
$6x-2=50$ 또는 $50-6x=-2$

04 ①, ②, ④, ⑤는 x의 값에 관계없이 항상 참인 항등식
이다.

05 각 방정식에 $x=2$를 대입하면
① $2 \times 2 - 3 = 1$ (참)
② $5 \neq 3 \times 2 - 4$ (거짓)
③ $4 \times 2 - 8 = 0$ (참)
④ $5 \times 2 + 2 = 4 \times (2+1)$ (참)
⑤ $2 \times (2-1) = -2+4$ (참)

06 ① $x=2$를 대입하면 $6-2 \neq 8$ (거짓)
② $x=-2$를 대입하면 $-2+4 \neq -4$ (거짓)
③ $x=-8$을 대입하면 $2 \times (-8) - 13 \neq 3$ (거짓)
④ $x=-7$을 대입하면 $3 \times (-7) - 5 \neq 16$ (거짓)
⑤ $x=-6$을 대입하면 $\dfrac{-6}{6} + 2 = 1$ (참)

07 ⑤ $x=y$의 양변에 y를 더하면 $x+y=2y$

08 ① $\dfrac{a}{4} = \dfrac{b}{3}$의 양변에 16를 곱하면 $4a = \dfrac{16}{3}b$
참고 $\dfrac{a}{4} = \dfrac{b}{3}$의 양변에 12를 곱하면 $3a=4b$

09 ① $x \underline{-3} = 7 \Rightarrow x = 7 \underline{+3}$
② $9x = 7 - 2x \Rightarrow 9x \underline{+2x} = 7$
③ 이항은 항을 옮기는 것이므로 x의 계수 -2만 옮길
수 없다.
⑤ $-2x \underline{+5} = 3x \underline{-8} \Rightarrow -2x \underline{-3x} = -8 \underline{-5}$

10 ㄱ. 등식이 아니므로 방정식이 될 수 없다.
ㄴ. x의 값에 관계없이 항상 성립하는 항등식이다.
ㄷ. $3x-3=0$이므로 일차방정식이다.
ㄹ. $x(x-3) = x^2 + 6$에서
$x^2 - 3x = x^2 + 6$, $-3x-6=0$이므로
일차방정식이다.
ㅁ. $-6x^2 + x - 2 = 0$이므로 일차방정식이 아니다.
따라서 보기 중 일차방정식은 ㄷ, ㄹ의 2개이다.

11 ① $x-4=-5$에서 $x=-5+4$, $x=-1$
② $3x+10=2x+11$에서
$3x-2x=11-10$, $x=1$
③ $9x-5=4x$에서
$9x-4x=5$, $5x=5$, $x=1$
④ $-4x+9=6-x$에서 $-4x+x=6-9$
$-3x=-3$, $x=1$
⑤ $3x-8=x-6$에서 $3x-x=-6+8$
$2x=2$, $x=1$
따라서 해가 나머지 넷과 다른 하나는 ①이다.

12 $3(x-1)=4(x+2)-12$에서
$3x-3=4x+8-12$
$3x-4x=-4+3$
$-x=-1$
따라서 $x=1$

13 $\dfrac{5x+8}{4} = \dfrac{x-7}{2} - 8$에서 양변에 4를 곱하면
$5x+8 = 2(x-7) - 32$
$5x+8 = 2x - 14 - 32$
$5x-2x = -14 - 32 - 8$
$3x = -54$
따라서 $x = -18$

14 $3(x-0.9) - 5 = 2.6x - 6.1$의 괄호를 풀면
$3x - 2.7 - 5 = 2.6x - 6.1$
양변에 10을 곱하면

$30x-27-50=26x-61$

$30x-26x=-61+77$

$4x=16$

$x=4$

따라서 $a=4$이므로

$3-2a=3-2\times4=-5$

15 $1.3x+6=0.7x+0.6$의 양변에 10을 곱하면

$13x+60=7x+6$

$6x=-54$

$x=-9$, 즉 $a=-9$

$\dfrac{1}{2}x-\dfrac{3}{4}x=\dfrac{2x-7}{6}$의 양변에 분모의 최소공배수 12를 곱하면

$6x-9x=4x-14$

$-7x=-14$

$x=2$, 즉 $b=2$

따라서 $b-a=2-(-9)=11$

16 $x=-2$를 $3(2x+5)+a=5-x$에 대입하면

$3\times\{2\times(-2)+5\}+a=5-(-2)$

$3\times1+a=5+2$

$3+a=7$

따라서 $a=4$

17 $3(x+2)=2x+3$에서

$3x+6=2x+3$

$3x-2x=3-6$

$x=-3$

$x=-3$을 $2x+a=4-5x$에 대입하면

$2\times(-3)+a=4-5\times(-3)$

$-6+a=19$

따라서 $a=25$

18 $1-\dfrac{3-2x}{2}=\dfrac{8-x}{8}$의 양변에 분모의 최소공배수 8을 곱하면

$8-4(3-2x)=8-x$

$8-12+8x=8-x$

$9x=12$

$x=\dfrac{4}{3}$

따라서 $6(3-2x)=a-5x$의 해는 $x=3\times\dfrac{4}{3}=4$이므로 $x=4$를 $6(3-2x)=a-5x$에 대입하면

$6\times(3-2\times4)=a-5\times4$

$6\times(-5)=a-20$

$a=-10$

19 어떤 수를 x라고 하면

$4x+10=5x-6$

$-x=-16$

따라서 $x=16$

20 x년 후에 어머니의 나이가 딸의 나이의 3배가 된다고 하면 그 때의 어머니의 나이는 $(47+x)$살, 딸의 나이는 $(13+x)$살이므로

$47+x=3(13+x)$

$47+x=39+3x$

$-2x=-8$

$x=4$

따라서 어머니의 나이가 딸의 나이의 3배가 되는 것은 4년 후이다.

21 3점짜리 슛을 x골 넣었다고 하면

2점짜리 슛은 $(15-x)$골 넣었으므로

$3x+2(15-x)=32$

$3x+30-2x=32$

$x=2$

따라서 3점짜리 슛을 2골 넣었다.

22

	진희	윤희
현재	50000원	30000원
x개월 후	$(50000+2500x)$원	$(30000+3500x)$원

x개월 후에 두 사람의 예금액이 같아진다고 하면

$50000+2500x=30000+3500x$

$-1000x=-20000$

$x=20$

따라서 20개월 후에 두 사람의 예금액이 같아진다.

23 세로의 길이를 x m라고 하면 가로의 길이는 $(2x-8)$ m이므로

$2\{x+(2x-8)\}=38$

$3x-8=19$, $3x=27$

$x=9$

따라서 가로의 길이는 $2\times9-8=10\,(\text{m})$

24 진희네 집에서 외할머니 댁까지의 거리를 x km라고 하면

(시속 45 km로 갈 때 걸리는 시간)$=\dfrac{x}{45}$(시간)

(시속 60 km로 갈 때 걸리는 시간)$=\dfrac{x}{60}$(시간)

이므로 $\dfrac{x}{45}-\dfrac{x}{60}=\dfrac{10}{60}$

양변에 180을 곱하면

$4x-3x=30,\ x=30$

따라서 진희네 집에서 외할머니 댁까지의 거리는 30km이다.

고난도 집중 연습 본문 38~39쪽

1 $b-1$	**1**-1 $b+4$	**2** 2	**2**-1 5개
3 $-\dfrac{2}{13}$	**3**-1 $\dfrac{19}{5}$	**4** 6일	**4**-1 10일

1 풀이 전략 등식 $2a+6=2(b+1)$에서 좌변을 등식의 성질을 이용하여 $a+1$이 되도록 한다.

$2a+6=2(b+1)$

양변을 2로 나누면

$\dfrac{2a+6}{2}=\dfrac{2(b+1)}{2}$

$a+3=b+1$

양변에서 2를 빼면

$a+3-2=b+1-2$

$a+1=b-1$

1-1 풀이 전략 등식 $3a-9=3(b-1)$에서 좌변을 등식의 성질을 이용하여 $a+2$가 되도록 한다.

$3a-9=3(b-1)$

양변을 3으로 나누면

$\dfrac{3a-9}{3}=\dfrac{3(b-1)}{3}$

$a-3=b-1$

양변에 5를 더하면

$a-3+5=b-1+5$

$a+2=b+4$

2 풀이 전략 주어진 방정식의 해를 a에 대한 식으로 나타내고 그 해가 음의 정수가 될 조건을 찾는다.

$\dfrac{a-2x}{4}+1=2$에서 $a-2x+4=8$

$-2x=4-a$

$x=\dfrac{a-4}{2}$

$\dfrac{a-4}{2}$가 음의 정수이려면 $-(a-4)=4-a$가 2의 배수이어야 하므로

$4-a=2$이면 $a=2$

$4-a=4$이면 $a=0$

$4-a=6$이면 $a=-2$

$\vdots$

따라서 구하는 자연수 a는 2이다.

2-1 풀이 전략 주어진 방정식의 해를 a에 대한 식으로 나타내고 그 해가 음의 정수가 될 조건을 찾는다.

$4x+14-x-3a=-4$

$3x=3a-18$

$x=a-6$

따라서 x가 음의 정수가 되도록 하는 자연수 a는 1, 2, 3, 4, 5의 5개이다.

3 풀이 전략 절댓값이 같고 부호가 서로 다른 두 수는 그 합이 0이다.

$2(3x-2a)=3(x-1)+2$에서

$6x-4a=3x-3+2$

$3x=4a-1$

$x=\dfrac{4a-1}{3}$

$x-\dfrac{2x+1}{3}=a$에서

$3x-2x-1=3a$

$x=3a+1$

주어진 두 일차방정식의 해가 절댓값은 같고 부호는 서로 다르므로 두 해의 합은 0이다.

즉, $\dfrac{4a-1}{3}+3a+1=0$이므로 양변에 3을 곱하면

$4a-1+9a+3=0$

$13a+2=0$

따라서 $a=-\dfrac{2}{13}$

3-1 풀이 전략 절댓값이 같고 부호가 서로 다른 두 수는 그 합이 0이다.

$4a-x=1-4(x-1)$

$4a-x=1-4x+4$

$3x=5-4a$

$x=\dfrac{5-4a}{3}$

$x+1=2+\dfrac{x+a}{3}$ 의 양변에 3을 곱하면

$3x+3=6+x+a$

$3x-x=6+a-3$

$2x=3+a$

$x=\dfrac{3+a}{2}$

주어진 두 일차방정식의 해가 절댓값은 같고 부호는 서로 다르므로 두 해의 합은 0이다.

즉, $\dfrac{5-4a}{3}+\dfrac{3+a}{2}=0$ 이므로 양변에 6을 곱하면

$2(5-4a)+3(3+a)=0$

$10-8a+9+3a=0$

$-5a=-19$

따라서 $a=\dfrac{19}{5}$

4 풀이 전략 전체의 일의 양을 1이라고 하고 각각 혼자 할 때 할 수 있는 일의 양을 찾아 방정식을 세운다.

전체 일의 양을 1이라고 하면 진희와 윤희가 하루에 할 수 있는 일의 양은 각각 $\dfrac{1}{10}$, $\dfrac{1}{15}$ 이다.

두 사람이 함께 x일 동안 일을 해서 완성한다고 하면

(진희가 x일 동안 일한 양)+(윤희가 x일 동안 일한 양)

$=1$ 이므로

$\dfrac{1}{10}x+\dfrac{1}{15}x=1$

$3x+2x=30$

$5x=30$

$x=6$

따라서 일을 완성하는 데 6일이 걸린다.

4-1 풀이 전략 전체의 일의 양을 1이라고 하고 각각 혼자 할 때 할 수 있는 일의 양을 찾아 방정식을 세운다.

전체 일의 양을 1이라고 하면 A와 B가 하루에 할 수 있는 일의 양은 각각 $\dfrac{1}{20}$, $\dfrac{1}{30}$ 이고,

A와 B가 함께 하루에 할 수 있는 일의 양은

$\dfrac{1}{20}+\dfrac{1}{30}=\dfrac{5}{60}=\dfrac{1}{12}$ 이다.

이때 A와 B가 함께 일한 날을 x일이라고 하면

$\dfrac{1}{30}\times5+\dfrac{1}{12}x=1$

$\dfrac{1}{6}+\dfrac{1}{12}x=1$

$2+x=12$

$x=10$

따라서 A와 B가 함께 일한 날은 10일이다.

서술형 집중 연습

본문 40~41쪽

예제 **1** 6		유제 **1** 7	
예제 **2** 2		유제 **2** 7	
예제 **3** -18		유제 **3** 22	
예제 **4** 320명		유제 **4** 8000원	

예제 1 $ax-3(x-2)=x+b+4$

$ax-3x+6=x+b+4$

$\boxed{(a-3)}x+6=x+\boxed{b}+4$ ··· 1단계

모든 x에 대하여 항상 참이므로

$a-\boxed{3}=1$, $a=\boxed{4}$

$\boxed{6}=b+4$, $b=\boxed{2}$ ··· 2단계

따라서 $a+b=\boxed{6}$ ··· 3단계

채점 기준표

단계	채점 기준	비율
1단계	주어진 식을 정리한 경우	40 %
2단계	a, b의 값을 각각 구한 경우	40 %
3단계	$a+b$의 값을 구한 경우	20 %

유제 1 $2-ax=2(x+b)-4x-3$

$2-ax=2x+2b-4x-3$

$-ax+2=-2x+2b-3$ ··· 1단계

모든 x에 대하여 항상 참이므로

$-a=-2$, $a=2$

$2=2b-3$, $b=\dfrac{5}{2}$ ··· 2단계

따라서 $a+2b=2+2\times\dfrac{5}{2}=7$ ··· 3단계

채점 기준표

단계	채점 기준	비율
1단계	주어진 식을 정리한 경우	40 %
2단계	a, b의 값을 각각 구한 경우	40 %
3단계	$a+2b$의 값을 구한 경우	20 %

예제 2 $x=\boxed{-1}$을 $\dfrac{x}{2}+\dfrac{a-x}{6}=\dfrac{x+1}{2}$에 대입하면

$-\dfrac{1}{2}+\dfrac{a+1}{6}=\dfrac{\boxed{-1}+1}{2}$

$$-\frac{1}{2}+\frac{a+1}{6}=0$$

$$\frac{a+1}{6}=\boxed{\dfrac{1}{2}}$$

$$a+1=3$$

따라서 $a=\boxed{2}$ $\cdots$ **1단계**

$a=\boxed{2}$ 를 $2(x+a)-3(a-x)=8$에 대입하면

$$2(x+\boxed{2})-3(\boxed{2}-x)=8$$

$$2x+4-6+3x=8$$

$$5x=\boxed{10}$$

따라서 $x=\boxed{2}$ $\cdots$ **2단계**

채점 기준표

단계	채점 기준	비율
1단계	a의 값을 구한 경우	50 %
2단계	방정식의 해를 구한 경우	50 %

유제 2 $x=-3$을 $0.2(x+a)=x+1.8$에 대입하면

$$0.2(-3+a)=-3+1.8$$

양변에 10을 곱하면

$$2(-3+a)=-30+18$$

$$-6+2a=-12$$

$$2a=-6$$

따라서 $a=-3$ $\cdots$ **1단계**

$a=-3$을 $\dfrac{x+a}{2}=7-\dfrac{2x+1}{3}$에 대입하면

$$\frac{x-3}{2}=7-\frac{2x+1}{3}$$

양변에 6을 곱하면

$$3(x-3)=42-2(2x+1)$$

$$3x-9=42-4x-2$$

$$7x=49$$

따라서 $x=7$ $\cdots$ **2단계**

채점 기준표

단계	채점 기준	비율
1단계	a의 값을 구한 경우	50 %
2단계	방정식의 해를 구한 경우	50 %

예제 3 $(x-3):(2x+1)=3:5$에서

비례식의 성질에 의하여

$$\boxed{3}(2x+1)=\boxed{5}(x-3)$$ $\cdots$ **1단계**

$$6x+\boxed{3}=\boxed{5}x-15$$

$$6x-5x=-15-3$$

$$x=\boxed{-18}$$ $\cdots$ **2단계**

채점 기준표

단계	채점 기준	비율
1단계	비례식을 이용하여 등식을 구한 경우	50 %
2단계	x의 값을 구한 경우	50 %

유제 3 $(x+2):3=2(x-2):5$

비례식의 성질에 의하여

$$3\times2(x-2)=5(x+2)$$ $\cdots$ **1단계**

$$6(x-2)=5(x+2)$$

$$6x-12=5x+10$$

$$x=22$$ $\cdots$ **2단계**

채점 기준표

단계	채점 기준	비율
1단계	비례식을 이용하여 등식을 구한 경우	50 %
2단계	x의 값을 구한 경우	50 %

예제 4 작년 학생 수를 x명이라고 하면

$$\boxed{x}+x\times\frac{\boxed{5}}{100}=336$$ $\cdots$ **1단계**

양변에 100을 곱하면

$$\boxed{100}x+5x=33600$$

$$105x=33600$$

$$x=\boxed{320}$$

따라서 작년 학생 수는 $\boxed{320}$명이다. $\cdots$ **2단계**

채점 기준표

단계	채점 기준	비율
1단계	문제 상황에 맞게 방정식을 세운 경우	50 %
2단계	작년 학생 수를 구한 경우	50 %

유제 4 상품의 원가를 x원이라고 하면

정가는 $\left(x+\dfrac{30}{100}x\right)$원이고

(이익)=(판매 가격)-(원가)이므로

$$\left\{\left(1+\frac{30}{100}\right)x-1400\right\}-x=1000$$ $\cdots$ **1단계**

$$\frac{130}{100}x-1400-x=1000$$

양변에 100을 곱하면

$$130x-140000-100x=100000$$

$$30x=240000$$

$$x=8000$$

따라서 이 상품의 원가는 8000원이다. $\cdots$ **2단계**

채점 기준표

단계	채점 기준	비율
1단계	문제 상황에 맞게 방정식을 세운 경우	50 %
2단계	상품의 원가를 구한 경우	50 %

01 ⑤	**02** ③	**03** ④	**04** ③	**05** ⑤
06 ②	**07** ②	**08** ④	**09** ①	
10 ②, ⑤	**11** ②	**12** ④	**13** 5	
14 -7	**15** -16	**16** 6 cm		

01 어떤 수 x의 4배에서 1을 뺀 것은 $4x-1$이고,
어떤 수 x에 6을 더하여 2를 곱한 것은 $2(x+6)$이므로 등식으로 나타내면
$4x-1=2(x+6)$

02 [ ] 안의 수를 각각의 방정식에 대입하면
① $-(-6)+12 \neq -6$ (거짓)
② $0-5 \neq 3-0$ (거짓)
③ $\dfrac{5-3}{2} = \dfrac{5}{5}$ (참)
④ $4-3 \times 1 \neq 7$ (거짓)
⑤ $2 \times (-3+2) \neq -3+7$ (거짓)

03 ④ (우변)$=2(-x+2)=-2x+4=$(좌변)이므로 항등식이다.
따라서 x의 값에 관계없이 항상 성립하는 것은 ④이다.

04 ③ $c=0$일 때, $\dfrac{c}{a}=\dfrac{c}{b}$이지만 $a \neq b$일 수도 있다.
예를 들어 $\dfrac{0}{2}=\dfrac{0}{3}$이지만 $2 \neq 3$이다.

05 $7x-8=4x+3$에서 -8, $4x$를 이항하면
$7x-4x=3+8$
$3x=11$
따라서 $a=3$, $b=11$이므로
$a+b=3+11=14$

06 ② (좌변)$=8x+12=$(우변)이므로 항등식이다.
⑤ $x^2+3x+5=x(x+1)$을 정리하면 $2x+5=0$
따라서 일차방정식이 아닌 것은 ②이다.

07 각각의 방정식을 풀면
① $x+3=2$에서 $x=-1$
② $2x-1=3$에서 $2x=4$, $x=2$

③ $2(x-1)=-4$에서 $2x-2=-4$
$2x=-2$, $x=-1$
④ $\dfrac{2}{3}x-\dfrac{1}{3}=-1$의 양변에 3을 곱하면
$2x-1=-3$, $2x=-2$, $x=-1$
⑤ $0.5x+2=1.5$의 양변에 10을 곱하면
$5x+20=15$, $5x=-5$, $x=-1$
따라서 해가 나머지 넷과 다른 것은 ②이다.

08 $7x-6=4x$에서
$3x=6$, $x=2$
$4x-7=2(x+5)-1$에서
$4x-7=2x+10-1$
$2x=16$, $x=8$
따라서 $a=2$, $b=8$이므로
$a+b=2+8=10$

09 $\dfrac{1}{2}x-0.75=\dfrac{2x-7}{6}$의 양변에 12를 곱하면
$6x-9=2(2x-7)$
$6x-9=4x-14$
$2x=-5$
따라서 $x=-\dfrac{5}{2}$

10 $3(x-5)=-2a$에서
$3x-15=-2a$
$3x=15-2a$
$x=\dfrac{15-2a}{3}$
$\dfrac{15-2a}{3}$가 자연수이므로 $15-2a$는 3의 배수이다.
$15-2a=3$일 때, $a=6$
$15-2a=6$일 때, $a=\dfrac{9}{2}$
$15-2a=9$일 때, $a=3$
$15-2a=12$일 때, $a=\dfrac{3}{2}$
$15-2a=15$일 때, $a=0$
$\vdots$
따라서 자연수 a의 값은 3, 6이다.

11 연속한 세 홀수 중 가장 작은 수를 x라고 하면
연속한 세 홀수는 x, $x+2$, $x+4$
연속한 세 홀수의 합이 159이므로
$x+(x+2)+(x+4)=159$

$3x+6=159$

$3x=153$

$x=51$

따라서 가장 작은 수는 51이다.

12 A 도시에서 B 도시까지의 거리를 x km라고 하면 시속 60 km의 속력으로 갔을 때 걸리는 시간은 시속 70 km의 속력으로 갔을 때보다 4분$\left(=\dfrac{4}{60}시간\right)$ 더 걸리므로

$\dfrac{x}{60}-\dfrac{x}{70}=\dfrac{4}{60}, \ \dfrac{x}{6}-\dfrac{x}{7}=\dfrac{2}{3}$

양변에 42를 곱하면

$7x-6x=28$

$x=28$

따라서 A 도시에서 B 도시까지의 거리는 28 km이다.

13 $5x-2=8x+7$

$5x-2-8x=8x+7-8x$

$-3x-2=7$

$-3x-2+\boxed{2}=7+\boxed{2}$

$-3x=\boxed{9}$

$\dfrac{-3x}{\boxed{-3}}=\dfrac{9}{\boxed{-3}}$

$x=\boxed{-3}$

이므로

$A=2, \ B=9, \ C=-3, \ D=-3$　　　···【1단계】

따라서 $A+B+C+D=2+9+(-3)+(-3)=5$

　　　···【2단계】

14 규칙에 의하여 오른쪽 그림과 같이 빈칸을 채울 수 있다.　　　···【1단계】

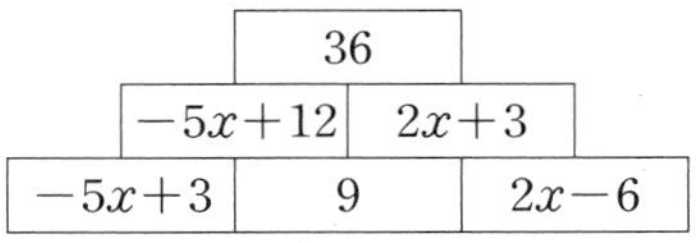

	36	
$-5x+12$		$2x+3$
$-5x+3$	9	$2x-6$

$(-5x+12)+(2x+3)=36$에서　　　···【2단계】

$-3x+15=36$

$-3x=21$

따라서 $x=-7$　　　···【3단계】

15 $\dfrac{x}{3}+1=\dfrac{5x-3}{4}-x$에서

양변에 12를 곱하면

$4x+12=3(5x-3)-12x$

$4x+12=15x-9-12x$

$4x-15x+12x=-9-12$

따라서 $x=-21$　　　···【1단계】

$x=-21$을 $3x-a=2x-5$에 대입하면

$3\times(-21)-a=2\times(-21)-5$

$-63-a=-42-5$

$-a=16$

따라서 $a=-16$　　　···【2단계】

16 아랫변의 길이를 x cm라고 하면

(사다리꼴의 넓이)

$=\dfrac{1}{2}\times\{(윗변의 길이)+(아랫변의 길이)\}\times(높이)$

이므로

$\dfrac{1}{2}\times(10+x)\times8=64$　　　···【1단계】

$4(10+x)=64$

$10+x=16$

$x=6$

따라서 아랫변의 길이는 6 cm이다.　　　···【2단계】

01 ④	02 ⑤	03 ③	04 ②, ④	05 ①
06 ③	07 ①	08 ⑤	09 ①	10 ⑤
11 ②	12 ②	13 19	14 7	
15 $x=-3$	16 28명			

01 ④ 100 g에 x원이면 1 g에 $\dfrac{x}{100}$ 원이므로 600 g은

$600 \times \dfrac{x}{100} = 6x$이므로 $6x = 12000$이다.

02 ⑤ (좌변)$=2x-3x=-x=$(우변)이므로 이 등식은 x의 값에 관계없이 항상 참인 항등식이다.

03 $x=-2$를 각각의 방정식에 대입하면

① $4 \times (-2) - 7 \neq -1$ (거짓)

② $3 \times (-2) - 4 \neq 2$ (거짓)

③ $1 - (-2) = 3$ (참)

④ $6 \times (-2) + 7 \neq 1$ (거짓)

⑤ $5 + (-2) \neq -1$ (거짓)

이므로 해가 $x=-2$인 방정식은 ③이다.

04 ① $x-2=y-1$의 양변에 2를 더하면

$x-2+2 = y-1+2$

$x = y+1$

② $a=2b$의 양변에 3을 더하면

$a+3 = 2b+3$

③ $\dfrac{x}{4} = \dfrac{y}{5}$의 양변에 20을 곱하면

$\dfrac{x}{4} \times 20 = \dfrac{y}{5} \times 20$

$5x = 4y$

④ 0으로 나누는 경우는 없으므로 $c=0$일 때는 성립하지 않는다.

⑤ $2(a-3) = 2(b-3)$의 양변을 2로 나누면

$\dfrac{2(a-3)}{2} = \dfrac{2(b-3)}{2}$

$a-3 = b-3$

양변에 3을 더하면

$a-3+3 = b-3+3$

$a = b$

따라서 옳지 않은 것은 ②, ④이다.

05 ① (가)의 과정은 등식의 양변에 5를 더하여도 등식이 성립하는 것을 이용한 과정이다.

06 각각을 이항하면

① $5x-1=9 \Rightarrow 5x=9+1$

② $2x+3=4x+1 \Rightarrow 2x-4x+3=1$

③ $5x=6x+4 \Rightarrow 5x-6x=4$

④ $7+x=2 \Rightarrow x=2-7$

⑤ $x-6=0 \Rightarrow x=0+6$

07 $2(x-3) = -ax+1$

$2x-6 = -ax+1$

$2x+ax-6-1 = 0$

$(a+2)x-7 = 0$

일차방정식이 될 조건은 $a+2 \neq 0$이므로 $a \neq -2$이다.

08 각각의 방정식을 풀면

① $2x+1=5$

$2x=4$

$x=2$

② $5x-1=2x+5$

$5x-2x=5+1$

$3x=6$

$x=2$

③ $5(2x-1)-3(2x-1)=6$

$10x-5-6x+3=6$

$4x=8$

$x=2$

④ $\dfrac{5}{3}x - \dfrac{5}{2} = \dfrac{3}{4}x - \dfrac{2}{3}$

양변에 12를 곱하면

$20x-30 = 9x-8$

$20x-9x = -8+30$

$11x = 22$

$x=2$

⑤ $0.2x+2 = 0.3(x+8)$

양변에 10을 곱하면

$2x+20 = 3(x+8)$

$2x+20 = 3x+24$

$-x = 4$

$x = -4$

따라서 방정식 중 해가 나머지 넷과 다른 하나는 ⑤이다.

09 $x=-3$을 $5(x-3) = 12-2(x-a)$에 대입하면

$5(-3-3) = 12-2(-3-a)$

$-30=12+6+2a$

$-2a=48$

따라서 $a=-24$

10 $7x-a-4\left(x-\dfrac{7}{2}\right)=14$에서

$7x-a-4x+14=14$

$3x=a$

$x=\dfrac{a}{3}$

$\dfrac{2}{5}x-\dfrac{a-x}{4}=0.3x-0.45$에서

양변에 20을 곱하면

$8x-5(a-x)=6x-9$

$8x-5a+5x=6x-9$

$7x=5a-9$

$x=\dfrac{5a-9}{7}$

두 방정식의 해의 비가 $2:3$이므로

$\dfrac{a}{3}:\dfrac{5a-9}{7}=2:3$

$\dfrac{10a-18}{7}=a$

$10a-18=7a$

$3a=18$

따라서 $a=6$

11 작년 남학생의 수를 x명이라 하면 작년 여학생의 수는 $(270-x)$명이고 전체 학생 수는 작년보다 3명 감소하였으므로

$x\times\dfrac{2}{100}-(270-x)\times\dfrac{5}{100}=-3$

$2x-5(270-x)=-300$

$2x-1350+5x=-300$

$7x=1050$

$x=150$

올해의 남학생의 수는 작년보다 2% 증가하였으므로

$150+150\times\dfrac{2}{100}=153$(명)

12 흐르지 않는 물에서 보트의 속력을 시속 x km라고 하면 강을 거슬러 올라갈 때의 보트의 실제 속력은 시속 $(x-4)$ km이다.

30분은 $\dfrac{1}{2}$시간이고 (거리)=(속력)×(시간)이므로

$(x-4)\times\dfrac{1}{2}=8$

$x-4=16$

$x=20$

따라서 흐르지 않는 물에서 보트의 속력은 시속 20 km이다.

13 $0.3x-2=0.1x+0.8$

양변에 10을 곱하면

$3x-20=x+8$

$2x=28$

$x=14$

따라서 $a=14$ ··· **1단계**

$a=14$를 $2a-9$에 대입하면

$2a-9=2\times14-9=19$ ··· **2단계**

채점 기준표

단계	채점 기준	비율
1단계	a의 값을 구한 경우	60 %
2단계	$2a-9$의 값을 구한 경우	40 %

14 -1을 a로 잘못 보았다면

일차방정식 $10x+a=4(x-2)+3$

의 해가 $x=-2$이다. ··· **1단계**

$x=-2$를 $10x+a=4(x-2)+3$에 대입하면

$10\times(-2)+a=4\times(-2-2)+3$

$-20+a=-16+3$

$a=7$ ··· **2단계**

채점 기준표

단계	채점 기준	비율
1단계	잘못 본 수를 미지수로 하고 일차방정식으로 나타낸 경우	40 %
2단계	잘못 본 수를 구한 경우	60 %

15 $x+4a-1=2(x-1)$

$x+4a-1=2x-2$

$-x=-4a-1$

$x=4a+1$

$\dfrac{x-3}{3}=\dfrac{a+x}{2}$

양변에 6을 곱하면

$2(x-3)=3(a+x)$

$2x-6=3a+3x$

$x=-3a-6$ ··· **1단계**

두 방정식의 해가 같으므로

$4a+1=-3a-6$

$7a=-7$

$a=-1$ ··· 2단계

$a=-1$을 $x=4a+1$에 대입하면 $x=-3$

따라서 두 일차방정식의 해는 $x=-3$이다. ··· 3단계

채점 기준표

단계	채점 기준	비율
1단계	각각의 방정식의 해를 a에 대한 식으로 나타낸 경우	40 %
2단계	a의 값을 구한 경우	30 %
3단계	방정식의 해를 구한 경우	30 %

16 피타고라스의 전체 제자 수를 x명이라고 하면

내 제자의 절반은 수의 아름다움을 탐구하고 ➡ $\frac{1}{2}x$

자연의 이치를 연구하는 자가 $\frac{1}{4}$ ➡ $\frac{1}{4}x$

$\frac{1}{7}$의 제자들은 굳게 입을 다물고 깊은 사색에 잠겨 있다. ➡ $\frac{1}{7}x$

그 외에 여자인 제자가 세 사람이 있다. ➡ 3

즉, $x=\frac{1}{2}x+\frac{1}{4}x+\frac{1}{7}x+3$ ··· 1단계

양변에 28을 곱하면 $28x=14x+7x+4x+84$

$3x=84$

$x=28$

따라서 피타고라스의 제자는 모두 28명이다.

··· 2단계

채점 기준표

단계	채점 기준	비율
1단계	미지수를 이용하여 방정식을 세운 경우	50 %
2단계	피타고라스의 전체 제자 수를 구한 경우	50 %

Ⅳ. 좌표평면과 그래프

1 순서쌍과 좌표

본문 50~51쪽

✓ 개념 체크

01 $A(-4)$, $B\left(\frac{3}{2}\right)$, $C(3)$

02

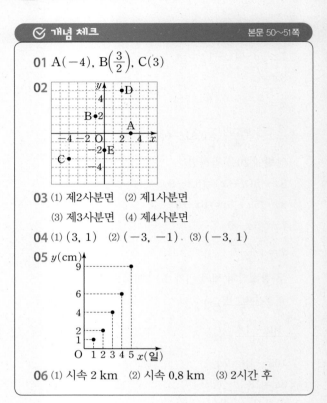

03 (1) 제2사분면　(2) 제1사분면

(3) 제3사분면　(4) 제4사분면

04 (1) $(3,\ 1)$　(2) $(-3,\ -1)$　(3) $(-3,\ 1)$

05

y(cm) 그래프

06 (1) 시속 $2\ \mathrm{km}$　(2) 시속 $0.8\ \mathrm{km}$　(3) 2시간 후

대표 유형

본문 52~55쪽

01 ②　　**02** 풀이 참조　　**03** ①　　**04** ⑤

05 (1) $(3,\ -2)$　(2) $(-1,\ -4)$　(3) $(0,\ 3)$　**06** ③

07 ④　　**08** ②　　**09** ①　　**10** ②　　**11** ②

12 ②　　**13** ④　　**14** ③　　**15** ④　　**16** ②

17 (1) 제4사분면　(2) 제3사분면　(3) 제2사분면

18 ③　　**19** ②　　**20** 풀이 참조　　**21** ③

22 ③

01 점 B는 원점으로부터 왼쪽으로 $\frac{3}{2}$만큼 떨어져 있다.

따라서 점 B의 좌표는 $-\frac{3}{2}$이다. 즉, $B\left(-\frac{3}{2}\right)$

02 세 점 P, Q, R를 수직선 위에 나타내면 다음 그림과 같다.

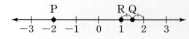

03 학교와 도서관의 위치를 각각 수직선의 0, 1에 대응시키면 거리 1km는 수직선에서 거리 1에 해당한다.
이때 집, 학교, 도서관, 꽃집을 수직선 위에 나타내면 다음 그림과 같다.

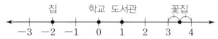

집은 학교로부터 왼쪽으로 2 km만큼 떨어져 있으므로 수직선 위의 -2에 대응한다.
즉, $a=-2$
꽃집은 학교로부터 오른쪽으로 3.5 km만큼 떨어져 있으므로 수직선 위의 3.5에 대응한다.
즉, $c=3.5$
따라서 $a+c=(-2)+3.5=1.5$

04 각 점에서 x축과 y축에 각각 수선을 내려 만나는 점이 나타내는 수를 구한다.
① A$(-2, 1)$
② B$(-1, -3)$
③ C$(0, 1)$
④ D$(2, 4)$

05 x좌표와 y좌표를 순서대로 괄호 안에 짝지어 나타낸다.
⑴ $(3, -2)$
⑵ $(-1, -4)$
⑶ $(0, 3)$

06 x좌표끼리 같으므로
$2a-1=a+3$에서 $2a-a=3+1$, $a=4$
y좌표끼리 같으므로
$3b-1=b-3$에서 $3b-b=-3+1$
$2b=-2$, $b=-1$
따라서 $a+b=4+(-1)=3$

07 y축에 대하여 대칭인 점은 x좌표의 부호가 반대이므로 점 $(2, -3)$과 y축에 대하여 대칭인 점은 $(-2, -3)$이다.

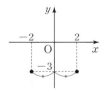

08 y축 위의 점은 x좌표가 0이므로
$a+3=0$
따라서 $a=-3$

09 두 점 A, B의 좌표는 A$(-2, 2)$, B$(3, 0)$이므로
$a=-2$, $b=0$
따라서 $a+b=(-2)+0=-2$

10 세 점 A$(1, 2)$, B$(2, -1)$, C$(5, 2)$를 좌표평면 위에 나타내면 오른쪽 그림과 같다.

삼각형의 밑변을 선분 AC라고 하면 선분 AC의 길이는 $5-1=4$
점 B에서 선분 AC까지의 거리는 $2-(-1)=3$
따라서 삼각형 ABC의 넓이는
$\dfrac{1}{2}\times 4\times 3=6$

11 세 점 A$(-1, -1)$, B$(4, 1)$, C$(-1, 3)$을 좌표평면 위에 나타내면 오른쪽 그림과 같다.

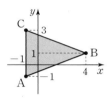

삼각형의 밑변을 선분 AC라고 하면 선분 AC의 길이는 $3-(-1)=4$
점 B에서 선분 AC까지의 거리는 $4-(-1)=5$
따라서 삼각형 ABC의 넓이는
$\dfrac{1}{2}\times 4\times 5=10$

12 네 점 A$(-1, 2)$, B$(-2, -2)$, C$(4, -2)$, D$(2, 2)$를 좌표평면 위에 나타내면 오른쪽 그림과 같다.

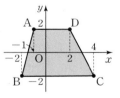

이때 사각형 ABCD는 선분 AD와 선분 BC가 평행한 사다리꼴이다.
선분 AD의 길이는 $2-(-1)=3$
선분 BC의 길이는 $4-(-2)=6$
사다리꼴 ABCD의 높이는 $2-(-2)=4$
따라서 사각형 ABCD의 넓이는
$\dfrac{1}{2}\times(3+6)\times 4=18$

13 ① 점 $(3, 0)$은 어느 사분면에도 속하지 않는다.
② 점 $(-2, -1)$은 제3사분면 위의 점이다.
③ 점 $(-4, 5)$는 제2사분면 위의 점이다.
⑤ 점 $(3, 5)$는 제1사분면 위의 점이다.
따라서 바르게 짝지은 것은 ④이다.

14 제3사분면 위의 점은 x좌표와 y좌표가 모두 음수이다.

① 점 $(1, 3)$은 제1사분면 위의 점이다.

② 점 $(-2, 4)$는 제2사분면 위의 점이다.

④ 점 $(3, -2)$는 제4사분면 위의 점이다.

⑤ 점 $(0, -5)$는 어느 사분면에도 속하지 않는다.

15 ③ x축과 y축이 만나는 점의 좌표는 $(0, 0)$, 즉 원점이다. 원점은 어느 사분면에도 속하지 않는다.

④ x좌표와 y좌표가 모두 음수인 점은 제3사분면 위의 점이다.

따라서 옳지 않은 것은 ④이다.

16 점 $P(a, b)$가 제2사분면 위의 점이므로

$a<0, b>0$

이때 $ab<0, -a>0$이므로 점 $Q(ab, -a)$는 제2사분면 위의 점이다.

17 점 $(a, -b)$가 제3사분면 위의 점이므로

$a<0, -b<0$, 즉 $a<0, b>0$

(1) $b>0, a<0$이므로 점 (b, a)는 제4사분면 위의 점이다.

(2) $ab<0, a-b<0$이므로 점 $(ab, a-b)$는 제3사분면 위의 점이다.

(3) $\dfrac{a}{b}<0, 2b>0$이므로 점 $\left(\dfrac{a}{b}, 2b\right)$는 제2사분면 위의 점이다.

18 점 (a, b)가 제4사분면 위의 점이므로

$a>0, b<0$

① $ab<0$

② $\dfrac{2a}{b}<0$

④ $4a+b$의 부호는 알 수 없다.

⑤ $a+4b$의 부호는 알 수 없다.

19 주어진 물병의 단면은 오른쪽 그림과 같다.

폭이 넓은 부분에서는 물의 높이가 느리고 일정하게 증가하고, 폭이 좁은 부분에서는 물의 높이가 빠르고 일정하게 증가한다.

따라서 알맞은 그래프는 ②이다.

20

x	3	4	5	6	7	8
y	1	2	3	4	5	6

두 변수 x, y 사이의 관계를 그래프로 나타내면 오른쪽 그림과 같다.

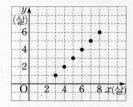

21 ① 집에서 학교까지 거리는 800 m이다.

② 집에서 학교까지 가는 데 총 걸린 시간은 18분이다.

③ 집에서 학교까지 가는 데 집에서 출발한 지 5분부터 11분까지 거리의 변화가 없으므로 6분 동안 잠시 멈췄다.

④ 집에서 출발한 지 7분이 지났을 때 거리의 변화가 없으므로 속력은 분속 0 m이다.

⑤ 집에서부터 300 m까지 가는 데 총 5분이 걸렸다.

따라서 옳은 것은 ③이다.

22 그래프에서 최고 기온은 21 ℃, 최저 기온은 18 ℃이므로

$a=21, b=18$

따라서 $a+2b=21+2\times18=57$

<table>
<tr><td colspan="4">기출 예상 문제</td><td>본문 56~57쪽</td></tr>
<tr><td>01 ①</td><td>02 ①</td><td>03 풀이 참조</td><td colspan="2">04 ④</td></tr>
<tr><td>05 ⑤</td><td>06 ⑤</td><td>07 ①</td><td colspan="2">08 ④</td></tr>
<tr><td>09 풀이 참조</td><td>10 ①</td><td>11 ③</td><td></td><td></td></tr>
</table>

01 점 A는 원점으로부터 왼쪽으로 3.5만큼 떨어져 있다. 따라서 점 A의 좌표는 -3.5이다. 즉, $A(-3.5)$

02 좌표평면에서 x축 위의 점의 y좌표는 항상 0이므로 $(-3, 0)$이다.

03 좌표평면 위에 점 $A(2, 0)$, $B(3, -1)$, $C(-2, -4)$를 각각 나타내면 다음 그림과 같다.

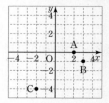

04 원점이 아닌 점 (a, b)가 y축 위에 있으므로 x좌표는 0이고, y좌표는 0이 아니다.
즉, $a=0$, $b\neq0$이다.

05 두 점 A와 B가 x축에 대하여 대칭이므로 x좌표는 서로 같고, y좌표는 절댓값이 같고 부호가 반대이다.
$a-4=3a$에서 $a-3a=4$
$-2a=4$, $a=-2$
$2b+1=-(-b+4)$에서 $2b+1=b-4$
$2b-b=-4-1$, $b=-5$
따라서 $a-b=(-2)-(-5)=3$

06 세 점 A$(a, 3)$, B$(-1, -2)$, C$(4, 3)$을 좌표평면 위에 나타내면 a의 값에 따라 다음 두 가지 경우가 있다.
(ⅰ) $a>4$인 경우
　밑변인 선분 AC의 길이는 $a-4$이고
　높이는 $3-(-2)=5$이므로
　삼각형 ABC의 넓이는
　$\dfrac{1}{2}\times(a-4)\times5=15$
　$a-4=6$, $a=10$

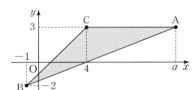

(ⅱ) $a<4$인 경우
　밑변인 선분 AC의 길이는 $4-a$이고
　높이는 $3-(-2)=5$이므로
　삼각형 ABC의 넓이는
　$\dfrac{1}{2}\times(4-a)\times5=15$
　$4-a=6$, $a=-2$

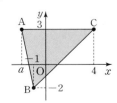

(ⅰ), (ⅱ)에 의하여 $a=10$ 또는 $a=-2$

07 점 $(-2, 5)$는 제2사분면 위의 점이다.
ㄱ. 점 $(1, 3)$은 제1사분면 위의 점이다.
ㄴ. 점 $(-1, 1)$은 제2사분면 위의 점이다.
ㄷ. 점 $(4, 0)$은 어느 사분면에도 속하지 않는다.

ㄹ. 점 $(-2, -4)$는 제3사분면 위의 점이다.
ㅁ. 점 $(2, -5)$는 제4사분면 위의 점이다.
ㅂ. 점 $(5, -3)$은 제4사분면 위의 점이다.
ㅅ. 점 $(0, -4)$는 어느 사분면에도 속하지 않는다.
ㅇ. 점 $(-3, -3)$은 제3사분면 위의 점이다.
따라서 점 $(-2, 5)$와 같은 사분면 위의 점은 ㄴ뿐이므로 1개이다.

08 점 P$(ab, a-b)$가 제3사분면 위의 점이므로
$ab<0$, $a-b<0$
즉, a와 b의 부호가 다르고 $a-b<0$이므로
$a<0<b$
또한, $|a|<|b|$이므로 $-b<a<0<-a<b$
따라서 $a+b>0$, $\dfrac{a}{b}<0$이므로 Q$\left(a+b, \dfrac{a}{b}\right)$는 제4사분면 위의 점이다.

09

x	1	2	3	4	6	12
y	12	6	4	3	2	1

따라서 두 변수 x와 y 사이의 관계를 그래프로 나타내면 오른쪽 그림과 같다.

10 양초에 불을 붙여 1분에 0.5 cm씩 줄어들므로 길이가 10 cm인 양초를 다 태우려면 20분이 걸리고 길이가 일정하게 감소한다.
따라서 알맞은 그래프는 ①이다.

11 ③ d구간에서 자동차의 속력은 일정하며, 속력이 0이 아니므로 멈춰 있지 않다.

고난도 집중 연습　　　　본문 58~59쪽

$1\ \dfrac{3}{2}$　　 $1\text{-}1\ \dfrac{5}{3}$　　 $2\ 5$　　 $2\text{-}1\ 7$

$3\ 7$　　 $3\text{-}1\ 11$　　 4 풀이 참조

$4\text{-}1$ 풀이 참조

1 풀이 전략 x축 위에 있는 점의 좌표의 성질을 이용한다.

두 점 A$(a+1,\ b-1)$, B$(3b,\ a-3)$이 모두 x축 위에 있으므로 y좌표는 0이다.

$b-1=0$에서 $b=1$

$a-3=0$에서 $a=3$

a와 b의 값을 대입하여 세 점의 좌표를 구하면

A$(4,\ 0)$, B$(3,\ 0)$, C$(4,\ -3)$

이고, 이를 좌표평면 위에 나타내면 오른쪽 그림과 같다.

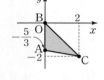

선분 AB의 길이는 1이고

선분 AC의 길이는 3이다.

따라서 삼각형 ABC의 넓이는

$\dfrac{1}{2}\times1\times3=\dfrac{3}{2}$

1-1 풀이 전략 y축 위에 있는 점의 좌표의 성질을 이용한다.

두 점 A$\left(\dfrac{1}{2}a-1,\ \dfrac{1}{3}b-1\right)$, B$(2b+4,\ a-2)$가 모두 y축 위에 있으므로 x좌표는 0이다.

$\dfrac{1}{2}a-1=0$에서 $a=2$

$2b+4=0$에서 $b=-2$

a와 b의 값을 대입하여 세 점의 좌표를 구하면

A$\left(0,\ -\dfrac{5}{3}\right)$, B$(0,\ 0)$, C$(2,\ -2)$

이고, 이를 좌표평면 위에 나타내면 오른쪽 그림과 같다.

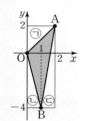

선분 AB의 길이는 $\dfrac{5}{3}$이고 점 C에서 선분 AB까지의 거리는 2이므로 삼각형 ABC의 넓이는

$\dfrac{1}{2}\times\dfrac{5}{3}\times2=\dfrac{5}{3}$

2 풀이 전략 삼각형의 넓이를 바로 구할 수 없을 때는 보조선을 그어 넓이를 구하기 쉬운 도형을 이용한다.

좌표평면 위에 세 점을 나타내면 오른쪽 그림과 같다.

삼각형 OAB의 넓이는 직사각형에서 삼각형 ㉠, ㉡, ㉢의 넓이를 빼면 된다.

직사각형의 넓이는 $2\times6=12$

㉠의 넓이는 $\dfrac{1}{2}\times2\times2=2$

㉡의 넓이는 $\dfrac{1}{2}\times1\times4=2$

㉢의 넓이는 $\dfrac{1}{2}\times1\times6=3$

따라서 삼각형 OAB의 넓이는

$12-2-2-3=5$

2-1 풀이 전략 삼각형의 넓이를 바로 구할 수 없을 때는 보조선을 그어 넓이를 구하기 쉬운 도형을 찾는다.

좌표평면 위에 세 점을 나타내면 오른쪽 그림과 같다.

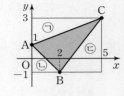

삼각형 ABC의 넓이는 직사각형에서 삼각형 ㉠, ㉡, ㉢의 넓이를 빼면 된다.

직사각형의 넓이는 $5\times4=20$

㉠의 넓이는 $\dfrac{1}{2}\times5\times2=5$

㉡의 넓이는 $\dfrac{1}{2}\times2\times2=2$

㉢의 넓이는 $\dfrac{1}{2}\times3\times4=6$

따라서 삼각형 ABC의 넓이는

$20-5-2-6=7$

3 풀이 전략 $a-b$의 값이 최대가 되려면 어떤 조건을 만족해야 하는지 파악한다.

좌표평면 위에 네 점을 나타내면 오른쪽 그림과 같다.

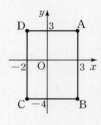

이때 a의 값은 클수록, b의 값은 작을수록 $a-b$의 값이 최대가 된다.

직사각형의 둘레 위의 점에서 a의 값이 가장 클 때는 3이고, b의 값이 가장 작을 때는 -4이다.

따라서 $a-b$의 최댓값은 $3-(-4)=7$

3-1 풀이 전략 $b-a$의 값이 최대가 되려면 어떤 조건을 만족해야 하는지 파악한다.

좌표평면 위에 네 점을 나타내면 오른쪽 그림과 같다.

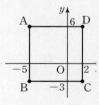

이때 b의 값은 클수록, a의 값은 작을수록 $b-a$의 값이 최대가 된다.

직사각형의 둘레 위의 점에서 a의 값이 가장 작을 때는 -5이고, b의 값이 가장 클 때는 6이다.

따라서 $b-a$의 최댓값은 $6-(-5)=11$

4 풀이 전략 x의 값이 변할 때 y의 값을 하나씩 구해 보며 규칙을 찾는다.

최초 1시간 주차할 때 내야 하는 돈은 2000원이고 1시간 이후에는 매 시간마다 1000원씩 추가되므로

1~2시간은 3000원, 2~3시간은 4000원이다.

이를 그래프로 나타내면 다음 그림과 같다.

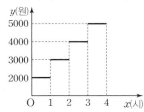

4-1 풀이 전략 x의 값이 변할 때 y의 값을 하나씩 구해보며 규칙을 찾는다.

꽃을 1송이 살 때 지불해야 하는 돈은 배송비 3000원을 포함하여 $4000 \times 1 + 3000 = 7000$(원)이다.

꽃을 2송이 살 때 지불해야 하는 돈은
$4000 \times 2 + 3000 = 11000$(원)이다.

꽃을 3송이 살 때 지불해야 하는 돈은
$4000 \times 3 + 3000 = 15000$(원)이다.

꽃을 4송이 이상 살 때는 전체 주문금액이 15000원 이상이므로 배송비가 무료이다.

꽃을 4송이 살 때 지불해야 하는 돈은
$4000 \times 4 = 16000$(원)이다.

꽃을 5송이 살 때 지불해야 하는 돈은
$4000 \times 5 = 20000$(원)이다.

따라서 그래프로 나타내면 다음 그림과 같다.

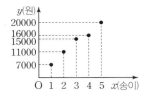

서술형 집중 연습
본문 60~61쪽

예제 **1** -2 유제 **1** 6
예제 **2** -5 유제 **2** 40
예제 **3** 10   유제 **3** 9
예제 **4** 860   유제 **4** 435

예제 **1** 점 $(a-2,\ a+3)$은 x축 위의 점이므로
$\boxed{y}$좌표가 0이다.
즉, $a+3=0$이므로 $a=\boxed{-3}$ $\cdots$ 1단계
점 $(1-b,\ b+3)$은 y축 위의 점이므로
$\boxed{x}$좌표가 0이다.

즉, $1-b=0$이므로 $b=\boxed{1}$ $\cdots$ 2단계
따라서 $a+b=\boxed{-2}$ $\cdots$ 3단계

채점 기준표

단계	채점 기준	비율
1단계	a의 값을 구한 경우	40 %
2단계	b의 값을 구한 경우	40 %
3단계	$a+b$의 값을 구한 경우	20 %

유제 **1** 점 $\left(2a+4,\ \dfrac{1}{2}a-3\right)$은 x축 위의 점이므로 y좌표가 0이다.

즉, $\dfrac{1}{2}a-3=0$이므로 $a=6$ $\cdots$ 1단계
점 $(-3b,\ b-1)$은 y축 위의 점이므로 x좌표가 0이다.

즉, $-3b=0$이므로 $b=0$ $\cdots$ 2단계
따라서 $a+b=6$ $\cdots$ 3단계

채점 기준표

단계	채점 기준	비율
1단계	a의 값을 구한 경우	40 %
2단계	b의 값을 구한 경우	40 %
3단계	$a+b$의 값을 구한 경우	20 %

예제 **2** 점 P가 제4사분면 위의 점이므로
$a\boxed{>}0,\ b\boxed{<}0$이다. $\cdots$ 1단계
점 P와 x축에 대하여 대칭인 점 Q의 좌표는
$\boxed{(a,\ -b)}$,
점 P와 원점에 대하여 대칭인 점 R의 좌표는
$\boxed{(-a,\ -b)}$,
점 P와 y축에 대하여 대칭인 점 S의 좌표는
$\boxed{(-a,\ b)}$이다. $\cdots$ 2단계
이때 사각형 PQRS는 직사각형이다.
$a\boxed{>}0,\ b\boxed{<}0$이므로
가로의 길이는 $2a$,
세로의 길이는 $\boxed{-2b}$ $\cdots$ 3단계
따라서 사각형 PQRS의 넓이가 20이므로
$2a \times \boxed{(-2b)} = 20$
따라서 $ab=\boxed{-5}$ $\cdots$ 4단계

채점 기준표

단계	채점 기준	비율
1단계	a, b의 부호를 각각 구한 경우	20 %
2단계	대칭인 점을 각각 구한 경우	30 %
3단계	직사각형의 가로, 세로의 길이를 각각 구한 경우	30 %
4단계	ab의 값을 구한 경우	20 %

유제 2 점 P가 제3사분면 위의 점이므로
$$a<0, \ b<0 \qquad \cdots \text{1단계}$$
점 P와 x축에 대하여 대칭인 점 Q의 좌표는
$(a, -b)$, 점 P와 원점에 대하여 대칭인 점 R의 좌표는 $(-a, -b)$, 점 P와 y축에 대하여 대칭인 점 S의 좌표는 $(-a, b)$이다. $\qquad \cdots \text{2단계}$
이때 사각형 PQRS는 직사각형이다.
$a<0, \ b<0$이므로
가로의 길이는 $-2a$,
세로의 길이는 $-2b$ $\qquad \cdots \text{3단계}$
따라서 $ab=10$이므로 직사각형 PQRS의 넓이는
$(-2a) \times (-2b) = 4ab = 40$ $\qquad \cdots \text{4단계}$

채점 기준표		
단계	채점 기준	비율
1단계	a, b의 부호를 각각 구한 경우	20 %
2단계	대칭인 점을 각각 구한 경우	30 %
3단계	사각형의 가로, 세로 길이를 각각 구한 경우	30 %
4단계	사각형의 넓이를 구한 경우	20 %

예제 3 삼각형 ABC에서 선분 BC를 밑변이라고 하면 높이는 점 A에서 선분 BC까지의 거리이다.
이때 선분 BC의 길이는 $\boxed{4}-(-1)=\boxed{5}$이고,
높이는 $\boxed{3}-(-1)=\boxed{4}$이다. $\qquad \cdots \text{1단계}$
따라서 삼각형 ABC의 넓이는
$\dfrac{1}{2} \times 5 \times \boxed{4} = \boxed{10}$이다. $\qquad \cdots \text{2단계}$

채점 기준표		
단계	채점 기준	비율
1단계	삼각형의 밑변의 길이와 높이를 각각 구한 경우	60 %
2단계	삼각형의 넓이를 구한 경우	40 %

유제 3 삼각형 ABC에서 선분 AC를 밑변이라고 하면 높이는 점 B에서 선분 AC까지의 거리이다.
이때 선분 AC의 길이는 $4-(-2)=6$이고,
높이는 $2-(-1)=3$이다. $\qquad \cdots \text{1단계}$
따라서 삼각형 ABC의 넓이는
$\dfrac{1}{2} \times 6 \times 3 = 9$ $\qquad \cdots \text{2단계}$

채점 기준표		
단계	채점 기준	비율
1단계	삼각형의 밑변의 길이와 높이를 각각 구한 경우	60 %
2단계	삼각형의 넓이를 구한 경우	40 %

예제 4 아린이가 집에서 출발한 지 $\boxed{20}$분이 되었을 때, 도서관에 도착하였다. 집에서 출발한 지 $\boxed{50}$분이 되었을 때, 도서관에서 출발하여 집으로 돌아왔으므로 도서관에 머문 시간은 총 $\boxed{30}$분이다.
따라서 $a=\boxed{30}$ $\qquad \cdots \text{1단계}$
한편, 집에서 도서관까지의 거리는 $\boxed{800}$ m이므로
$b=\boxed{800}$ $\qquad \cdots \text{2단계}$
따라서 $2a+b=\boxed{860}$ $\qquad \cdots \text{3단계}$

채점 기준표		
단계	채점 기준	비율
1단계	a의 값을 구한 경우	40 %
2단계	b의 값을 구한 경우	40 %
3단계	$2a+b$의 값을 구한 경우	20 %

유제 4 주원이가 집에서 출발한 지 10분이 되었을 때, 서점에 도착하였다. 집에서 출발한 지 25분이 되었을 때 서점에서 출발하여 집으로 돌아왔으므로 서점에 머문 시간은 총 15분이다.
따라서 $a=15$ $\qquad \cdots \text{1단계}$
한편, 집에서 서점까지의 거리는 450 m이므로
$b=450$ $\qquad \cdots \text{2단계}$
따라서 $b-a=435$ $\qquad \cdots \text{3단계}$

채점 기준표		
단계	채점 기준	비율
1단계	a의 값을 구한 경우	40 %
2단계	b의 값을 구한 경우	40 %
3단계	$b-a$의 값을 구한 경우	20 %

01 수직선 위에 두 점 A(3), B(−1)을 나타내면 다음 그림과 같다.

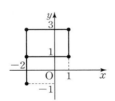

이때 두 점의 한 가운데 위치한 점에 대응하는 수는 1 이므로 이를 기호로 나타내면 M(1)이다.

02 두 자연수 a, b에 대하여 $a+b=4$를 만족하는 순서쌍 (a, b)는 (1, 3), (2, 2), (3, 1)로 총 3개이다.

03 각 점에서 x축과 y축에 각각 수선을 내려 점의 좌표를 구한다.
④ D(1, 2)

04 좌표평면 위에 주어진 순서쌍을 나타내어 차례대로 선분으로 연결하면 오른쪽 그림과 같다.
따라서 구하는 알파벳은 P이다.

05 점 $(2, a)$와 y축에 대하여 대칭인 점은 $(−2, a)$이다.
즉, 순서쌍 $(−2, a)$와 $(b+1, −3)$이 서로 같으므로
$−2=b+1$, $a=−3$에서 $a=−3$, $b=−3$
따라서 $a+b=(−3)+(−3)=−6$

06 네 점 A$(−2, 4)$, B$(5, 4)$, C$(5, −1)$, D$(−2, −1)$을 좌표평면 위에 나타내면 오른쪽 그림과 같다.
이때 사각형 ABCD는 직사각형이다.
가로의 길이는 $5−(−2)=7$
세로의 길이는 $4−(−1)=5$
따라서 직사각형 ABCD의 둘레의 길이는
$2×(7+5)=24$

07 제2사분면 위의 점은 x좌표가 음수, y좌표가 양수

이다.
① x좌표가 $−1$이고, y좌표가 4인 점은 $(−1, 4)$이므로 제2사분면 위의 점이다.
② 점 $(4, −2)$와 원점에 대하여 대칭인 점은 $(−4, 2)$이므로 제2사분면 위의 점이다.
③ 점 $(1, 3)$과 x축에 대하여 대칭인 점은 $(1, −3)$이므로 제4사분면 위의 점이다.
④ 점 $(−3, −3)$과 x축에 대하여 대칭인 점은 $(−3, 3)$이므로 제2사분면 위의 점이다.
⑤ 두 음수 a, b에 대하여 $a+b<0$, $ab>0$이므로 점 $(a+b, ab)$는 제2사분면 위의 점이다.

08 $ab<0$, $a−b>0$이므로 $a>0$, $b<0$
점 $(a, −b)$에 대하여 $a>0$, $−b>0$이므로
점 $(a, −b)$는 제1사분면 위의 점이다.

09 그네가 일정하게 움직이고 있을 때 그네의 높이는 증가와 감소를 반복한다.
따라서 알맞은 그래프는 ①이다.

10 자동차는 5분 동안 움직인 거리가 일정하게 증가하다가 이후 3분 동안 움직인 거리의 변화가 없다. 즉 3분 동안 잠시 멈춰 있으며 이때 속력은 0이다. 이후(자동차가 움직이기 시작한 지 8분이 지난 후) 자동차의 움직인 거리는 일정하게 증가한다.
① 자동차는 움직인 지 5분부터 8분까지 거리의 변화가 없으므로 3분 동안 잠시 멈췄다.
② 자동차는 움직이다가 3분 동안 멈췄으므로 속력이 0이다.
③ 자동차는 5분 동안 거리가 일정하게 증가하므로 속력이 일정하다.
④ 자동차는 5분 동안 계속 움직이다가 이후 3분 동안 움직이지 않는다.
⑤ 자동차는 8분 이후 움직인 거리가 증가한다.
따라서 옳은 것은 ①이다.

11 희진이가 1년 동안 자란 키는 다음과 같다.
① 12세~13세 : 2 cm
② 13세~14세 : 5 cm
③ 14세~15세 : 1 cm
④ 15세~16세 : 2 cm
⑤ 16세~17세 : 0 cm

12 ㄱ. 관람차가 가장 높이 올라갔을 때의 지면으로부터 높이는 160 m이다.

ㄴ. 올라갔다가 내려오는 그래프가 2번 반복되므로 호우는 관람차를 타고 두 바퀴 돌았다.

ㄷ. 관람차가 한 바퀴 돌 때 걸리는 시간은 16분이다.

따라서 옳은 것은 ㄴ, ㄹ이다.

13 점 $(2a, b)$와 x축에 대하여 대칭인 점의 좌표는 y좌표의 부호가 반대이므로 $(2a, -b)$이다.

$2a=4$, $-b=6$이므로 $a=2$, $b=-6$ ⋯ 1단계

이때 $a+b=2+(-6)=-4$, $a-b=2-(-6)=8$ 이다.

즉, 점 $(a+b, a-b)$는 $(-4, 8)$이다. ⋯ 2단계

따라서 점 $(-4, 8)$과 원점에 대하여 대칭인 점의 좌표는 $(4, -8)$이다. ⋯ 3단계

채점 기준표

단계	채점 기준	비율
1단계	a, b의 값을 각각 구한 경우	40 %
2단계	점 $(a+b, a-b)$의 좌표를 구한 경우	20 %
3단계	점 $(a+b, a-b)$의 좌표와 원점에 대하여 대칭인 점의 좌표를 구한 경우	40 %

14 세 점 $A(3, a)$, $B(-1, 0)$, $C(3, 3)$을 좌표평면 위에 나타내면 다음과 같다.

(i) $a>3$인 경우

선분 AC의 길이는 $a-3$이고, 높이는 $3-(-1)=4$이므로 삼각형 ABC의 넓이는

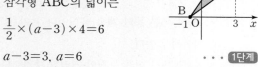

$\dfrac{1}{2}\times(a-3)\times4=6$

$a-3=3$, $a=6$ ⋯ 1단계

(ii) $a<3$인 경우

선분 AC의 길이는 $3-a$이고 높이는 $3-(-1)=4$이므로 삼각형 ABC의 넓이는

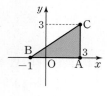

$\dfrac{1}{2}\times(3-a)\times4=6$,

$3-a=3$, $a=0$ ⋯ 2단계

삼각형 ABC가 둔각삼각형인 경우는 (i)이므로

$a=6$ ⋯ 3단계

채점 기준표

단계	채점 기준	비율
1단계	$a>3$일 때 a의 값을 구한 경우	40 %
2단계	$a<3$일 때 a의 값을 구한 경우	40 %
3단계	둔각삼각형일 때 a의 값을 구한 경우	20 %

15 $2x+3y=20$을 만족하는 두 자연수 x, y를 표로 나타내면 다음과 같다.

x	1	4	7
y	6	4	2

⋯ 1단계

이를 좌표평면 위에 그래프로 나타내면 오른쪽 그림과 같다.

⋯ 2단계

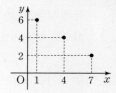

채점 기준표

단계	채점 기준	비율
1단계	$2x+3y=20$을 만족하는 순서쌍 (x, y)를 모두 찾은 경우	60 %
2단계	순서쌍을 좌표평면 위에 그래프로 나타낸 경우	40 %

16 그래프에서 A 호스는 10분 동안 80 L의 물통 채우므로 1분 동안 8L를 채울 수 있다. ⋯ 1단계

또한, B 호스는 15분 동안 60 L의 물을 채우므로 1분 동안 4 L를 채울 수 있다. ⋯ 2단계

A 호스와 B 호스를 동시에 사용하면 1분 동안 12 L를 채울 수 있으므로, 180 L의 물통을 채우는 데

$\dfrac{180}{12}=15$(분)이 걸린다. ⋯ 3단계

채점 기준표

단계	채점 기준	비율
1단계	1분 동안 A 호스로 채우는 물의 양을 구한 경우	30 %
2단계	1분 동안 B 호스로 채우는 물의 양을 구한 경우	30 %
3단계	180 L의 물통을 채우는 데 걸리는 시간을 구한 경우	40 %

01 ⑤	02 ③	03 ④	04 ⑤	05 ②
06 ①	07 ③	08 ④	09 ②	10 ②
11 ④	12 ②			

13 $(1, 0)$, $(1, 2)$, $(-2, 0)$, $(-2, 2)$ 14 16

15 (1) 증가한다(빨라진다)   (2) 일정하다

(3) 강할수록   (4) 빨라진다.   16 450 m

01 수직선 위의 두 점 A(-4), O(0)에서

선분 AO의 길이는 4이므로

(선분 AO의 길이) : (선분 BO의 길이)$=2 : 3$에서

$4 :$ (선분 BO의 길이)$=2 : 3$

(선분 BO의 길이)$=6$

```
    A ·4· O ·6· B
   -4     0     6
```

따라서 원점에서 6만큼 떨어진 양수 b의 값은 6이다.

02 두 순서쌍 $\left(\dfrac{2}{3}a, -1\right)$, $(-2, 2b+3)$이 서로 같으므로

$\dfrac{2}{3}a=-2$에서 $2a=-6$, $a=-3$

$-1=2b+3$에서 $-2b=4$, $b=-2$

따라서 $a-b=(-3)-(-2)=-1$

03 점 (a, b)와 x축에 대하여 대칭인 점은 x좌표는 서로

같고, y좌표는 절댓값이 같고 부호가 반대이므로

$(a, -b)$이다.

04 선분 PA의 길이와 선분 PB의 길

이가 같으므로 점 P는 선분 AB의

수직이등분선 위의 점이다.

따라서 점 P의 x좌표는 3이므로

$a=3$

삼각형 ABP에서 밑변을 선분 AB라고 하면 선분

AB의 길이는 4이고, 점 P에서 선분 AB까지의 거리

는 b이다.

따라서 삼각형 ABP의 넓이는

$\dfrac{1}{2} \times 4 \times b=12$이므로 $b=6$

따라서 $a+2b=3+2 \times 6=15$

05 각 점에서 x축과 y축에 각각 수선을 내려 점의 좌표를

구하면 A$(-3, -1)$, B$(2, 3)$이므로

$a=-3$, $b=-1$, $c=2$, $d=3$

따라서

$a-b+c-d=-3-(-1)+2-3=-3$

06 A(a, b), B$(-2, 3)$, C(c, d),

D$(2, -4)$를 꼭짓점으로 하고 네

변이 각각 좌표축에 평행한 직사각

형 ABCD를 좌표평면 위에 나타내

면 오른쪽 그림과 같다.

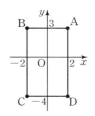

$b>0$이므로 A는 제1사분면 위의

점이고, C는 제3사분면 위의 점이다.

두 점 A, C의 좌표를 각각 구하면

A$(2, 3)$, C$(-2, -4)$이므로

$a=2$, $b=3$, $c=-2$, $d=-4$

따라서 $a+d=2+(-4)=-2$

07 점 P$(a+b, ab)$가 제2사분면 위의 점이므로

$a+b<0$, $ab>0$, 즉 $a<0$, $b<0$

① $a<0$, $b<0$이므로 점 (a, b)는 제3사분면 위의 점

이다.

② $-a>0$, $b<0$이므로 점 $(-a, b)$는 제4사분면 위

의 점이다.

③ $a<0$, $-b>0$이므로 점 $(a, -b)$는 제2사분면 위

의 점이다.

④ $-a>0$, $-b>0$이므로 점 $(-a, -b)$는 제1사분

면 위의 점이다.

⑤ $ab>0$, $a+b<0$이므로 점 $(ab, a+b)$는 제4사분

면 위의 점이다.

08 ① $a>0$, $b<0$이므로 점 (a, b)는 제4사분면 위의 점

이다.

② $-a<0$, $-b>0$이므로 점 $(-a, -b)$는 제2사분

면 위의 점이다.

③ $ab<0$, $-b>0$이므로 점 $(ab, -b)$는 제2사분면

위의 점이다.

④ $\dfrac{a}{b}<0$, $a>0$이므로 점 $\left(\dfrac{a}{b}, a\right)$는 제2사분면 위의

점이다.

⑤ $a-b>0$, $b-a<0$이므로 점 $(a-b, b-a)$는 제4

사분면 위의 점이다.

따라서 옳은 것은 ④이다.

09 한 변의 길이가 x cm인 정사각형의 넓이를 y cm^{2}라

고 할 때, 두 변수 x, y 사이의 관계를 표로 나타내면

다음과 같다.

x	1	2	3	4	…
y	1	4	9	16	…

② $x=2$일 때, $y=4$이므로 $(2, 4)$

③ $x=\dfrac{3}{2}$일 때, $y=\dfrac{3}{2}\times\dfrac{3}{2}=\dfrac{9}{4}$이므로 $\left(\dfrac{3}{2}, \dfrac{9}{4}\right)$

10 주어진 그릇의 단면은 오른쪽 그림과 같다.

ⓒ부분에서는 물의 높이가 느리고 일정하게 증가하다가, ⓛ부분에서는 물의 높이가 빠르고 일정하게 증가한다.

ⓒ부분에서는 물의 높이가 ⓙ보다 빠르고 ⓛ보다 느리지만 일정하게 증가한다.

따라서 알맞은 그래프는 ②이다.

11 출발점으로부터 거리가 증가하였다가 감소하는 곳이 반환점이므로 반환점은 출발점으로부터 1 km 떨어져 있다.

따라서 반환점에 가장 먼저 도착한 학생은 B이고 반환점을 돌아 출발점에 가장 먼저 도착한 학생은 C이다.

12 ㄴ. C~D 구간은 속력이 0이 아니므로 움직이고 있다. 따라서 높이는 변한다.

ㄹ. E~F 구간에서 속력이 일정하다.

따라서 옳은 것은 ㄱ, ㄷ이다.

13 점 $(a-1, a+2)$, $(2b, 2b-4)$가 모두 어느 사분면에도 속하지 않으므로 좌표축 위의 점이다.

따라서 x좌표 또는 y좌표가 0이다.

점 $(a-1, a+2)$에서 $a-1=0$ 또는 $a+2=0$

즉, $a=1$ 또는 $a=-2$ ・・・ [1단계]

점 $(2b, 2b-4)$에서 $2b=0$ 또는 $2b-4=0$

즉, $b=0$ 또는 $b=2$ ・・・ [2단계]

따라서 순서쌍 (a, b)가 될 수 있는 것을 모두 나열하면 $(1, 0)$, $(1, 2)$, $(-2, 0)$, $(-2, 2)$이다.

・・・ [3단계]

채점 기준표

단계	채점 기준	비율
1단계	a의 값을 모두 구한 경우	30 %
2단계	b의 값을 모두 구한 경우	30 %
3단계	순서쌍 (a, b)를 모두 구한 경우	40 %

14 점 $P(2, -4)$와 x축에 대하여 대칭인 점은 $Q(2, 4)$, 점 $P(2, -4)$와 원점에 대하여 대칭인 점은 $R(-2, 4)$이다. ・・・ [1단계]

세 점 P, Q, R를 좌표평면 위에 나타내면 다음 그림과 같다.

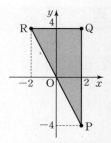

따라서 선분 PQ의 길이는 8, 선분 QR의 길이는 4이므로 삼각형 PQR의 넓이는

$\dfrac{1}{2}\times 8\times 4=16$ ・・・ [2단계]

채점 기준표

단계	채점 기준	비율
1단계	두 점 Q, R의 좌표를 구한 경우	40 %
2단계	삼각형의 넓이를 구한 경우	60 %

15 그래프에서 빛의 양이 일정할 때 이산화탄소의 농도가 높아지면 광합성 속도가 빨라지다가 일정해진다.

・・・ [1단계]

또, 같은 이산화탄소의 농도에서 빛이 강할수록 광합성 속도가 빨라진다. ・・・ [2단계]

채점 기준표

단계	채점 기준	비율
1단계	빛의 세기가 일정할 때, 광합성 속도 변화를 구한 경우	50 %
2단계	빛의 세기가 달라질 때, 광합성 속도 변화를 구한 경우	50 %

16 지후는 15분 동안 900 m를 이동하였으므로 지후의 속력은 분속 $\dfrac{900}{15}=60\,(m)$ ・・・ [1단계]

시아는 20분 동안 900 m를 이동하였으므로 시아의 속력은 분속 $\dfrac{900}{20}=45\,(m)$ ・・・ [2단계]

출발 후 30분이 되었을 때 지후의 이동 거리는

$60\times 30=1800\,(m)$

출발 후 30분이 되었을 때 시아의 이동 거리는

$45\times 30=1350\,(m)$

따라서 출발 후 30분이 되었을 때 두 사람 사이의 거리는

$1800-1350=450\,(m)$ ・・・ [3단계]

채점 기준표

단계	채점 기준	비율
1단계	지후의 속력을 구한 경우	30 %
2단계	시아의 속력을 구한 경우	30 %
3단계	출발 후 30분이 되었을 때 두 사람 사이의 거리를 구한 경우	40 %

IV. 좌표평면과 그래프

2 정비례와 반비례

01 (1)

x	-2	-1	0	1	2
y	3	$\dfrac{3}{2}$	0	$-\dfrac{3}{2}$	-3

(2) $y = -\dfrac{3}{2}x$

02 -1

03

04 (1)

x	-2	-1	1	2
y	-3	-6	6	3

(2) $y = \dfrac{6}{x}$

05 -3

06

01 ②	02 ④	03 ①	04 ⑤	05 ②
06 ④	07 ③	08 ①	09 ②	10 ④
11 ⑤	12 ⑤	13 ④	14 ②	15 ④
16 ③	17 ②	18 ③	19 ①	20 ③
21 ②	22 ③	23 ①	24 ②	

01 ① 한 개에 500원인 아이스크림 x개의 가격은 y원이다. ➡ $y = 500x$

② 가로의 길이가 $x\,\mathrm{cm}$, 세로의 길이가 $y\,\mathrm{cm}$인 직사각형의 넓이는 $30\,\mathrm{cm}^2$이다. ➡ $xy = 30$, $y = \dfrac{30}{x}$

③ 시속 $30\,\mathrm{km}$로 달리는 자동차가 x시간 동안 달린 거리는 $y\,\mathrm{km}$이다. ➡ $y = 30x$

④ 한 변의 길이가 $x\,\mathrm{cm}$인 정삼각형의 둘레의 길이는 $y\,\mathrm{cm}$이다. ➡ $y = 3x$

⑤ 주차 요금이 한 시간에 3000원인 주차장에 x시간 주차하였을 때의 요금은 y원이다. ➡ $y = 3000x$

따라서 정비례하지 않는 것은 ②이다.

02 y가 x에 정비례하면 $y = ax\,(a \neq 0)$ 꼴로 나타내어지므로 ④이다.

03 y가 x에 정비례하므로 $y = ax\,(a \neq 0)$ 꼴이다.

$x = 2$일 때 $y = 6$이므로 $6 = 2a$, $a = 3$

따라서 $y = 3x$이므로 $y = 9$일 때

$9 = 3x$, $x = 3$

04 정비례 관계 $y = ax\,(a \neq 0)$에서 $a > 0$이면 $y = ax$의 그래프는 원점을 지나며 오른쪽 위로 향하는 직선이다.

② $-4 = 2 \times (-2)$가 성립하므로 점 $(-2, -4)$를 지난다.

⑤ x의 값이 증가하면 y의 값도 증가한다.

따라서 옳지 않은 것은 ⑤이다.

05 정비례 관계 $y = -\dfrac{1}{3}x$에서

$x = 1$일 때, $y = -\dfrac{1}{3} \times 1$이므로 $y = -\dfrac{1}{3}$

$x = 3$일 때, $y = -\dfrac{1}{3} \times 3$이므로 $y = -1$

따라서 $y = -\dfrac{1}{3}x$의 그래프는 ②이다.

06 정비례 관계 $y = ax$에서 $|a|$의 값이 클수록 y축에 가까워지고 $|a|$의 값이 작을수록 x축에 가까워진다.

따라서 주어진 식 중 x축에 가장 가까운 것은 ④이다.

07 x의 값이 2배, 3배, 4배, $\cdots$로 변함에 따라 y의 값은 $\dfrac{1}{2}$배, $\dfrac{1}{3}$배, $\dfrac{1}{4}$배, $\cdots$가 될 때, y가 x에 반비례한다.

y가 x에 반비례하면 $y = \dfrac{a}{x}\,(a \neq 0)$ 꼴로 나타내어지므로 ③이다.

08 ① 무게가 $500\,\mathrm{g}$인 케이크를 x조각으로 나눌 때 1조각의 무게는 $y\,\mathrm{g}$이다. ➡ $y = \dfrac{500}{x}$

② 하루에 책을 10쪽씩 읽을 때, x일 동안 읽은 쪽수는 y쪽이다. ➡ $y = 10x$

③ 1 L에 1500원인 휘발유 x L의 가격은 y원이다.
　　　$\Rightarrow y=1500x$
④ 두 살 차이 나는 형제의 형의 나이가 x살일 때, 동생의 나이는 y살이다. $\Rightarrow y=x-2$
⑤ 분속 40 m로 x분 동안 이동한 거리는 y m이다.
　　　$\Rightarrow y=40x$
따라서 y가 x에 반비례하는 것은 ①이다.

09 y가 x에 반비례하므로 $y=\dfrac{k}{x}(k\neq0)$ 꼴이다.

$x=3$일 때 $y=-4$이므로

$-4=\dfrac{k}{3}$, $k=-12$

$x=-2$일 때 $a=-\dfrac{12}{-2}$, $a=6$

$y=1$일 때 $1=-\dfrac{12}{b}$, $b=-12$

따라서 $a+b=6+(-12)=-6$

10 ① 반비례 관계의 그래프는 원점을 지나지 않고, 한 쌍의 매끄러운 곡선이다.
② xy의 값이 항상 일정하다.
③ x의 값이 2배, 3배, 4배, $\cdots$로 변함에 따라 y의 값은 $\dfrac{1}{2}$배, $\dfrac{1}{3}$배, $\dfrac{1}{4}$배, $\cdots$가 된다.
⑤ y가 x에 반비례하고 점 $(3,\ 2)$를 지나므로

$xy=6$

점 $\left(\dfrac{1}{3},\ \dfrac{1}{2}\right)$에서 $\dfrac{1}{3}\times\dfrac{1}{2}=\dfrac{1}{6}$이므로 그래프는 점 $\left(\dfrac{1}{3},\ \dfrac{1}{2}\right)$을 지나지 않는다.

11 반비례 관계 $y=\dfrac{a}{x}(a\neq0)$의 그래프가 점 $(-4,\ 2)$를 지나므로

$2=\dfrac{a}{-4}$, $a=-8$

따라서 $y=-\dfrac{8}{x}$

12 반비례 관계 $y=\dfrac{a}{x}$의 그래프는 $|a|$의 값이 클수록 원점에서 더 멀어진다.
⑤ 반비례 관계 $y=-\dfrac{6}{x}$의 그래프가 반비례 관계 $y=-\dfrac{4}{x}$의 그래프보다 원점에서 더 멀다.

따라서 옳지 않은 것은 ⑤이다.

13 정비례 관계 $y=ax$의 그래프가 점 $(-3,\ 2)$를 지나

므로

$2=-3a$, $a=-\dfrac{2}{3}$

$y=-\dfrac{2}{3}x$의 그래프가 점 $(b,\ -1)$을 지나므로

$-1=-\dfrac{2}{3}b$, $b=\dfrac{3}{2}$

따라서 $3a+2b=3\times\left(-\dfrac{2}{3}\right)+2\times\dfrac{3}{2}=1$

14 정비례 관계 $y=3x$의 그래프가 점 $(a,\ 2a-1)$을 지나므로

$2a-1=3a$

따라서 $a=-1$

15 반비례 관계 $y=\dfrac{a}{x}$의 그래프가 점 $(-5,\ -2)$를 지나

므로

$-2=\dfrac{a}{-5}$, $a=10$

$y=\dfrac{10}{x}$의 그래프가 점 $(3,\ b)$를 지나므로 $b=\dfrac{10}{3}$

따라서 $2a-3b=2\times10-3\times\dfrac{10}{3}=10$

16 반비례 관계 $y=-\dfrac{8}{x}$의 그래프가 점 $(4,\ b)$를 지나므로

$b=-\dfrac{8}{4}=-2$

정비례 관계 $y=ax$의 그래프가 점 $(4,\ -2)$를 지나므로

$-2=4a$, $a=-\dfrac{1}{2}$

따라서 $a+b=\left(-\dfrac{1}{2}\right)+(-2)=-\dfrac{5}{2}$

17 점 B의 좌표를 $(3,\ b)$라고 하자.
정비례 관계 $y=-\dfrac{4}{3}x$의 그래프가 점 B를 지나므로

$b=-\dfrac{4}{3}\times3$, $b=-4$

따라서 선분 OA의 길이는 3, 선분 AB의 길이는 4이므로 삼각형 AOB의 넓이는

$\dfrac{1}{2}\times3\times4=6$

18 점 A의 좌표를 $(m,\ n)$이라고 하자.
선분 OB의 길이는 m, 선분 OC의 길이는 n이므로 사각형 OBAC의 넓이는

$m \times n = 8$, $mn = 8$

반비례 관계 $y = \dfrac{a}{x}$의 그래프가 점 A를 지나므로

$n = \dfrac{a}{m}$

따라서 $a = mn$이므로 $a = 8$

19 점 A의 좌표를 (a, b)라고 하자.

반비례 관계 $y = -\dfrac{6}{x}$의 그래프가 점 A를 지나므로

$b = -\dfrac{6}{a}$, $ab = -6$

따라서 선분 OB의 길이는 $-a$, 선분 OC의 길이는 b

이므로 사각형 ABOC의 넓이는

$(-a) \times b = -ab = -(-6) = 6$

20 두 점 A, B의 좌표를 각각 $(a, 3)$, $(b, 3)$이라고 하자.

정비례 관계 $y = 3x$의 그래프가 점 A를 지나므로

$3 = 3a$, $a = 1$

정비례 관계 $y = -6x$의 그래프가 점 B를 지나므로

$3 = -6b$, $b = -\dfrac{1}{2}$

선분 AB의 길이는 $1 - \left(-\dfrac{1}{2}\right) = \dfrac{3}{2}$

이때 원점 O에서 선분 AB까지의 거리가 3이므로

삼각형 OAB의 넓이는

$\dfrac{1}{2} \times \dfrac{3}{2} \times 3 = \dfrac{9}{4}$

21 x분 후의 채워지는 물의 양을 y L라고 하자.

1분에 3 L씩 채워지므로 $y = 3x$

$y = 60$일 때, $60 = 3x$, $x = 20$

따라서 60 L의 물통을 채울 때 총 20분이 걸린다.

22 x명이 작업할 때 걸리는 시간을 y시간이라고 하자.

14명이 3시간 작업을 하면 일이 끝나므로

$xy = 14 \times 3$, $y = \dfrac{42}{x}$

$x = 2$일 때, $y = \dfrac{42}{2} = 21$

따라서 2명이 작업을 하면 21시간 걸린다.

23 달에서의 무게는 지구에서의 무게의 $\dfrac{1}{6}$배이므로

$y = \dfrac{1}{6}x$

$x = 12$일 때, $y = \dfrac{1}{6} \times 12 = 2$

따라서 지구에서의 무게가 12 kg인 물체는 달에서

2 kg이다.

24 집에서 도서관에 갈 때 분속 x m로 갈 때 걸리는 시간을 y분이라고 하자.

분속 30 m로 갈 때 20분이 걸리므로

$xy = 30 \times 20$, $y = \dfrac{600}{x}$

$y = 15$일 때, $15 = \dfrac{600}{x}$, $x = 40$

따라서 15분 만에 가려면 분속 40 m로 가야 한다.

기출 예상 문제
본문 76~79쪽

01 ②	02 ②	03 ①	04 ⑤	
05 ③, ⑤	06 ③	07 ③	08 ④	09 ④
10 ①	11 ①	12 ①	13 ④	14 ①
15 ③	16 ①	17 ④	18 ④	19 ④
20 ①	21 ②	22 ①	23 ③	24 ④

01 y가 x에 정비례하면 $y = ax (a \neq 0)$ 꼴로 나타내어진다.

ㄷ. $\dfrac{y}{x} = 3$에서 $y = 3x$이므로 y가 x에 정비례한다.

따라서 y가 x에 정비례하는 것은 ㄱ, ㄷ이다.

02 y가 x에 정비례하므로 $y = kx (k \neq 0)$ 꼴이다.

$x = -3$일 때 $y = 2$이므로 $2 = -3k$, $k = -\dfrac{2}{3}$

정비례 관계 $y = -\dfrac{2}{3}x$에서

$x = 1$일 때, $a = -\dfrac{2}{3} \times 1 = -\dfrac{2}{3}$

$y = -\dfrac{1}{2}$일 때, $-\dfrac{1}{2} = -\dfrac{2}{3}b$, $b = \dfrac{3}{4}$

따라서 $ab = \left(-\dfrac{2}{3}\right) \times \dfrac{3}{4} = -\dfrac{1}{2}$

03 x의 값이 2배, 3배, 4배, …로 변함에 따라 y의 값도 2배, 3배, 4배, …가 되므로 y가 x에 정비례한다.

$y = ax (a \neq 0)$라고 하면

$x = 2$일 때 $y = \dfrac{1}{2}$이므로 $\dfrac{1}{2} = 2a$, $a = \dfrac{1}{4}$

따라서 $y = \dfrac{1}{4}x$이므로 $y = -1$일 때

$-1 = \dfrac{1}{4}x$, $x = -4$

04 정비례 관계 $y = ax (a \neq 0)$의 그래프는

$a>0$일 때 제1사분면과 제3사분면을 지나고
$a<0$일 때 제2사분면과 제4사분면을 지난다.
따라서 나머지 넷과 다른 하나는 ⑤이다.

05 ① $x=-1$일 때 $y=(-3)\times(-1)$, $y=3$이므로 점 $(-1,\ 3)$을 지난다.
② 제2사분면과 제4사분면을 지난다.
④ x의 값이 증가하면 y의 값은 감소한다.
⑤ 정비례 관계 $y=ax$의 그래프에서 $|a|$의 값이 클수록 y축에 가까우므로 $y=-3x$의 그래프는 $y=-2x$의 그래프보다 y축에 더 가깝다.
따라서 옳은 것은 ③, ⑤이다.

06 정비례 관계 $y=ax$의 그래프에서
$a>0$이면 오른쪽 위로 향하는 직선이고 (④, ⑤)
$a<0$이면 오른쪽 아래로 향하는 직선 (①, ②, ③)이다.
또, 정비례 관계 $y=ax$의 그래프에서 $|a|$의 값이 클수록 y축에 가까우므로
① $y=-\dfrac{1}{2}x$
② $y=-x$
③ $y=-3x$
④ $y=2x$
⑤ $y=\dfrac{2}{3}x$

07 y가 x에 반비례하므로 $y=\dfrac{a}{x}\ (a\neq0)$ 꼴이다.
$x=-2$일 때 $y=-\dfrac{5}{2}$이므로 $-\dfrac{5}{2}=\dfrac{a}{-2}$, $a=5$
따라서 x와 y의 관계식은 $y=\dfrac{5}{x}$이다.

08 $xy=-8$, $y=-\dfrac{8}{x}$이므로 y는 x에 반비례한다.
④ 반비례 관계는 x의 값이 2배가 되면 y의 값은 $\dfrac{1}{2}$배가 된다.
따라서 옳지 않은 것은 ④이다.

09 ㄱ. 반비례 관계의 그래프는 원점을 지나지 않고, 한 쌍의 매끄러운 곡선이다.
ㄷ. $x<0$일 때, x의 값이 증가하면 y의 값이 증가한다.
ㄹ. 반비례 관계 $y=-\dfrac{3}{x}$의 그래프는 제2사분면과 제

4사분면을 지나고, 반비례 관계 $y=\dfrac{3}{x}$의 그래프는 제1사분면과 제3사분면을 지나므로 서로 만나지 않는다.
따라서 옳은 것은 ㄴ, ㄷ이다.

10 반비례 관계 $y=\dfrac{a}{x}$의 그래프가 점 $(4,\ -2)$를 지나므로
$-2=\dfrac{a}{4}$
따라서 $a=-8$

11 반비례 관계 $y=\dfrac{a}{x}$의 그래프는 $|a|$의 값이 클수록 원점에서 더 멀어진다.
따라서 $|a|>|-3|$이고 그래프가 제2사분면과 제4사분면을 지나므로 $a<0$이다.
따라서 가능한 a의 값은 -5이다.

12 정비례 관계 $y=3x$의 그래프가 점 $(a+1,\ 2a-2)$를 지나므로
$2a-2=3(a+1)$
$2a-2=3a+3$
따라서 $a=-5$

13 정비례 관계 $y=ax$의 그래프가 점 $(3,\ -6)$을 지나므로
$-6=3a$, $a=-2$
정비례 관계 $y=-2x$의 그래프에 대하여
① $(1,\ 2)$: $2\neq(-2)\times1=-2$
② $(4,\ -2)$: $-2\neq(-2)\times4=-8$
③ $(6,\ -3)$: $-3\neq(-2)\times6=-12$
④ $(-2,\ 4)$: $4=(-2)\times(-2)$
⑤ $(-3,\ -6)$: $-6\neq(-2)\times(-3)=6$

14 정비례 관계 $y=ax$의 그래프가 점 $(2,\ 6)$을 지나므로
$6=2a$, $a=3$
반비례 관계 $y=\dfrac{b}{x}$의 그래프가 점 $(-4,\ 2)$를 지나므로
$2=\dfrac{b}{-4}$, $b=-8$
따라서 $a+b=3+(-8)=-5$

15 반비례 관계 $y=\dfrac{9}{x}$의 그래프 위의 점 중에서 x좌표와 y좌표가 모두 정수인 점은
$(-9, -1), (-3, -3), (-1, -9), (9, 1),$
$(3, 3), (1, 9)$로 6개이다.

16 점 A의 좌표를 $(k, 4)$라고 하자.
정비례 관계 $y=-\dfrac{2}{3}x$의 그래프가 점 A를 지나므로
$4=-\dfrac{2}{3}k, k=-6$
반비례 관계 $y=\dfrac{a}{x}$의 그래프가 점 $A(-6, 4)$를 지나므로
$4=\dfrac{a}{-6}$
따라서 $a=-24$

17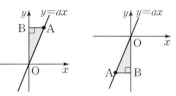

점 A에서 y축에 수직인 직선을 그어 y축과 만나는 점을 B라고 할 때, 선분 AB의 길이는 4이므로 점 A의 x좌표의 절댓값은 4이다.
삼각형 OAB의 넓이가 20이므로
$\dfrac{1}{2}\times 4\times$(선분 OB의 길이)$=20$
(선분 OB의 길이)$=10$
정비례 관계 $y=ax(a>0)$의 그래프가 제1사분면과 제3사분면을 지나므로
점 A의 좌표는 $(-4, -10)$ 또는 $(4, 10)$이다.
따라서 $y=ax$의 그래프가 점 A를 지나므로
$10=4a$
따라서 $a=\dfrac{5}{2}$

18 직사각형 ABCD의 넓이가 40이고, 선분 AD의 길이는 8이므로 선분 AB의 길이는 5이다.
따라서 점 A의 좌표는 $\left(-4, \dfrac{5}{2}\right)$, 점 C의 좌표는 $\left(4, -\dfrac{5}{2}\right)$
반비례 관계 $y=\dfrac{a}{x}$의 그래프가 점 A를 지나므로
$\dfrac{5}{2}=\dfrac{a}{-4}$
따라서 $a=-10$

19 선분 OA의 길이는 4, 선분 OB의 길이는 6이므로 삼각형 OAB의 넓이는
$\dfrac{1}{2}\times 4\times 6=12$

정비례 관계 $y=ax$의 그래프와 선분 AB가 만나는 점을 $C(m, n)$이라고 하자.
정비례 관계 $y=ax$의 그래프가 삼각형 OAB의 넓이를 이등분하므로 삼각형 OAC의 넓이는 6
점 C에서 선분 OA에 이르는 거리는 n이므로
$\dfrac{1}{2}\times 4\times n=6, n=3$
마찬가지로 삼각형 BOC의 넓이는 6
점 C에서 선분 OB에 이르는 거리는 m이므로
$\dfrac{1}{2}\times 6\times m=6, m=2$
따라서 점 C의 좌표는 $(2, 3)$
정비례 관계 $y=ax$의 그래프가 점 C를 지나므로
$3=2a$
따라서 $a=\dfrac{3}{2}$

20 톱니바퀴 A가 1분 동안 x바퀴 회전하는 동안 회전한 톱니는 $15x$개이고, 톱니바퀴 B가 1분 동안 y바퀴 회전하는 동안 회전한 톱니는 $30y$개이다.
톱니바퀴 A, B가 서로 맞물려 돌아가므로 1분 동안 회전한 톱니 수가 같다.
따라서 $15x=30y$ 즉, $y=\dfrac{1}{2}x$

21 x명이 제품을 완성할 때 걸리는 시간을 y일이라고 하자. xy는 일정하므로 y가 x에 반비례한다.
즉, $8\times 15=x\times 12$이므로 $x=10$(명)
따라서 10명이 일해야 한다.

22 선분 BP의 길이가 x cm일 때 삼각형 ABP의 넓이는
$\dfrac{1}{2}\times x\times 20=10x$이므로
$y=10x$

23 밑넓이가 x cm^{2}이고 높이가 y cm인 직육면체의 부피는 xy cm^{3}이므로
$xy=100, y=\dfrac{100}{x}$
이때 밑넓이와 높이는 모두 양수이므로 그래프는 제1사분면에만 그려진다.

24 자전거를 x시간 동안 탈 때 소모되는 열량을 y kcal라고 하자.

1시간 동안 탈 때 열량 120 kcal가 소모되므로
$y=120x$
$y=600$일 때, $600=120x$, $x=5$
따라서 600 kcal의 열량을 소모하기 위해서 자전거를 5시간 타야 한다.

고난도 집중연습

본문 80~81쪽

1 $\dfrac{25}{16}$	1-1 $\dfrac{7}{15}$	2 $\dfrac{4}{5}$	2-1 $-\dfrac{22}{49}$
3 18	3-1 $\dfrac{3}{2}$	4 $a=18$, $b=\dfrac{3}{4}$	
4-1 1			

1 풀이 전략 정사각형의 한 변의 길이를 미지수로 정하여 점 C의 좌표를 미지수를 사용하여 나타낸다.

점 A의 좌표를 $(1, a)$라고 하자.
정비례 관계 $y=5x$의 그래프가 점 A를 지나므로
$a=5\times1=5$
즉, 점 A의 좌표는 $(1, 5)$
정사각형의 한 변의 길이를 k라고 하면
점 C의 좌표는 점 A를 기준으로 x좌표는 k만큼 증가하고 y좌표는 k만큼 감소한다.
따라서 점 C의 좌표는 $(1+k, 5-k)$
정비례 관계 $y=\dfrac{5}{3}x$의 그래프가 점 C를 지나므로

$5-k=\dfrac{5}{3}(1+k)$

$15-3k=5+5k$

$-8k=-10$

$k=\dfrac{5}{4}$

따라서 정사각형의 한 변의 길이가 $\dfrac{5}{4}$이므로

정사각형 ABCD의 넓이는 $\dfrac{5}{4}\times\dfrac{5}{4}=\dfrac{25}{16}$

1-1 풀이 전략 정사각형의 한 변의 길이를 이용하여 점 C의 좌표를 구한다.

정비례 관계 $y=\dfrac{8}{3}x$의 그래프가 점 A를 지나므로

$y=\dfrac{8}{3}\times2=\dfrac{16}{3}$

즉, 점 A의 좌표는 $\left(2, \dfrac{16}{3}\right)$

정사각형의 한 변의 길이가 3이므로
점 C의 좌표는 점 A를 기준으로 x좌표는 3만큼 증가하고 y좌표는 3만큼 감소한다.
따라서 점 C의 좌표는 $\left(2+3, \dfrac{16}{3}-3\right)$, 즉 $\left(5, \dfrac{7}{3}\right)$

정비례 관계 $y=ax$의 그래프가 점 $C\left(5, \dfrac{7}{3}\right)$을 지나므로

$\dfrac{7}{3}=5a$, $a=\dfrac{7}{15}$

2 풀이 전략 정비례 관계 $y=ax$의 그래프와 선분 BC가 만나는 점의 좌표를 구한다.

사다리꼴 AOCB에서 선분 OC의 길이는 5, 선분 AB의 길이는 3이고, 높이는 5이므로 사다리꼴 AOCB의 넓이는

$\dfrac{1}{2}\times(5+3)\times5=20$

정비례 관계 $y=ax$의 그래프가 점 B를 지날 때 삼각형 OCB의 넓이는 $\dfrac{15}{2}$이므로 $y=ax$의 그래프가 사다리꼴 AOCB의 넓이를 이등분하려면 $y=ax$의 그래프는 선분 BC를 지나야 한다.

정비례 관계 $y=ax$의 그래프가 사다리꼴 AOCB의 넓이를 이등분할 때 선분 BC와 만나는 점을 D라고 하면 삼각형 OCD의 넓이는 10이다.

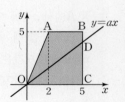

삼각형 OCD에서 선분 OC의 길이는 5이고 높이는 선분 CD이므로

$\dfrac{1}{2}\times5\times$(선분 CD의 길이)$=10$

(선분 CD의 길이)$=4$

따라서 점 D의 좌표는 $(5, 4)$이고, 정비례 관계 $y=ax$의 그래프가 점 D를 지나므로

$4=5a$, $a=\dfrac{4}{5}$

2-1 풀이 전략 정비례 관계 $y=ax$의 그래프와 선분 AB가 만나는 점의 좌표를 구한다.

사다리꼴 AOCB에서 선분 OA의 길이는 7, 선분 BC의 길이는 4이고, 높이는 4이므로 사다리꼴 AOCB의 넓이는

$\dfrac{1}{2}\times(7+4)\times4=22$

정비례 관계 $y=ax$의 그래프가 점 B를 지날 때 삼각형 AOB의 넓이는 14이므로 $y=ax$의 그래프가 사다리꼴 AOCB의 넓이를 이등분하려면 $y=ax$의 그래프

는 선분 AB를 지나야 한다.

정비례 관계 $y=ax$의 그
래프가 사다리꼴 AOCB
의 넓이를 이등분할 때 선
분 AB와 만나는 점을 D
라고 하면 삼각형 AOD의 넓이는 11이다.

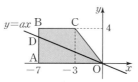

삼각형 AOD에서 선분 OA의 길이는 7이고 높이는
선분 AD이므로

$\frac{1}{2} \times 7 \times$ (선분 AD의 길이)$=11$

(선분 AD의 길이)$=\frac{22}{7}$

즉, 점 D의 좌표는 $\left(-7, \frac{22}{7}\right)$

따라서 정비례 관계 $y=ax$의 그래프가 점 D를 지나므로

$\frac{22}{7}=-7a,\ a=-\frac{22}{49}$

3 풀이 전략 점 P의 x좌표를 미지수를 사용하여 나타낸 후
각 그래프가 점을 지나는 것을 이용하여 식을 세운다.

(점 P의 x좌표) : (점 Q의 x좌표) $=1:3$이므로
점 P의 x좌표를 k, 점 Q의 x좌표를 $3k$라고 하자.
정비례 관계 $y=ax$의 그래프가 두 점 P, Q를 지나므로
P(k, ak), Q$(3k, 3ak)$

반비례 관계 $y=\frac{2}{x}$의 그래프가 점 P를 지나므로

$ak=\frac{2}{k},\ ak^2=2$

반비례 관계 $y=\frac{b}{x}$의 그래프가 점 Q를 지나므로

$3ak=\frac{b}{3k},\ 9ak^2=b$

따라서 $b=9ak^2=9\times2=18$

3-1 풀이 전략 P의 x좌표를 미지수를 사용하여 나타낸 후 각
그래프가 점을 지나는 것을 이용하여 식을 세운다.

(점 P의 x좌표) : (점 Q의 x좌표) $=1:2$이므로
점 P의 x좌표를 k, 점 Q의 x좌표를 $2k$라고 하자.
정비례 관계 $y=ax$의 그래프가 두 점 P, Q를 지나므로
P(k, ak), Q$(2k, 2ak)$

반비례 관계 $y=\frac{6}{x}$의 그래프가 점 Q를 지나므로

$2ak=\frac{6}{2k},\ 4ak^2=6,\ ak^2=\frac{3}{2}$

반비례 관계 $y=\frac{b}{x}$의 그래프가 점 P를 지나므로

$ak=\frac{b}{k},\ ak^2=b$

따라서 $b=ak^2=\frac{3}{2}$

4 풀이 전략 주어진 조건을 이용하여 점 P의 좌표를 구한다.

반비례 관계 $y=\frac{a}{x}$의 그래프가 점 B를 지나므로

$2=\frac{a}{9},\ a=18$

반비례 관계 $y=\frac{18}{x}$의 그래프가 점 A를 지나므로

$k=\frac{18}{6}=3$

사각형 OCAD의 넓이는 $6\times3=18$이므로

삼각형 OPD의 넓이는 $18\times\frac{1}{3}=6$

선분 OD의 길이는 3이므로 삼각형 OPD의 넓이는

$\frac{1}{2}\times3\times$ (선분 PD의 길이)$=6$

(선분 PD의 길이)$=4$

즉, 점 P의 좌표는 $(4, 3)$

정비례 관계 $y=bx$의 그래프가 점 P를 지나므로

$3=4b,\ b=\frac{3}{4}$

따라서 $a=18,\ b=\frac{3}{4}$

4-1 풀이 전략 주어진 조건을 이용하여 점 P의 좌표를 구한다.

반비례 관계 $y=\frac{8}{x}$의 그래프가 점 A를 지나므로

$2=\frac{8}{k},\ k=4$

사각형 OBAC의 넓이는 $4\times2=8$이므로

삼각형 OPC의 넓이는 $8\times\frac{1}{4}=2$

선분 OC의 길이는 2이므로 삼각형 OPC의 넓이는

$\frac{1}{2}\times2\times$ (선분 PC의 길이)$=2$

(선분 PC의 길이)$=2$

즉, P의 좌표는 $(2, 2)$

정비례 관계 $y=ax$의 그래프가 점 P를 지나므로

$2=2a,\ a=1$

서술형 집중 연습

본문 82~83쪽

예제 **1** -3	유제 **1** 8
예제 **2** $\frac{2}{5}\leq a\leq2$	유제 **2** $-2\leq a\leq-\frac{2}{7}$
예제 **3** 12	유제 **3** 18
예제 **4** 12	유제 **4** 10

예제 1 정비례 관계 $y=ax$의 그래프가 점 $(-5, 10)$을 지나므로

$\boxed{10}=-5a$, $a=\boxed{-2}$ $\quad\cdots$ **1단계**

$y=ax$의 그래프가 점 $(4, b)$를 지나므로

$b=\boxed{-2}\times4=\boxed{-8}$ $\quad\cdots$ **2단계**

$y=ax$의 그래프가 점 $(c, -14)$를 지나므로

$-14=\boxed{-2}\times c$, $c=\boxed{7}$ $\quad\cdots$ **3단계**

따라서 $a+b+c=\boxed{-3}$ $\quad\cdots$ **4단계**

채점 기준표

단계	채점 기준	비율
1단계	a의 값을 구한 경우	30 %
2단계	b의 값을 구한 경우	30 %
3단계	c의 값을 구한 경우	30 %
4단계	$a+b+c$의 값을 구한 경우	10 %

유제 1 반비례 관계 $y=\dfrac{a}{x}$의 그래프가 점 $(3, 6)$을 지나므로

$6=\dfrac{a}{3}$, $a=18$ $\quad\cdots$ **1단계**

$y=\dfrac{18}{x}$의 그래프가 점 $(-2, b)$를 지나므로

$b=\dfrac{18}{-2}=-9$ $\quad\cdots$ **2단계**

$y=\dfrac{18}{x}$의 그래프가 점 $(c, -18)$을 지나므로

$-18=\dfrac{18}{c}$, $c=-1$ $\quad\cdots$ **3단계**

따라서 $a+b+c=8$ $\quad\cdots$ **4단계**

채점 기준표

단계	채점 기준	비율
1단계	a의 값을 구한 경우	30 %
2단계	b의 값을 구한 경우	30 %
3단계	c의 값을 구한 경우	30 %
4단계	$a+b+c$의 값을 구한 경우	10 %

예제 2 선분 AB가 제1사분면 위에 있으므로 $y=ax$의 그래프가 제1사분면을 지나려면 a는 양수이다.

이때 a의 값이 클수록 $y=ax$의 그래프는 y축에 $\boxed{\text{가까워진다.}}$

$y=ax$의 그래프가 선분 AB와 만나려면

a가 가장 클 때는 점 A를 지나고

a가 가장 작을 때는 점 $\boxed{\text{B}}$를 지나야 한다.

$y=ax$의 그래프가 점 $A(5, \boxed{10})$을 지나면

$\boxed{10}=5a$이므로 $a=\boxed{2}$ $\quad\cdots$ **1단계**

$y=ax$의 그래프가 점 $B(\boxed{10}, 4)$를 지나면

$4=\boxed{10}\times a$이므로 $a=\boxed{\dfrac{2}{5}}$ $\quad\cdots$ **2단계**

따라서 $\boxed{\dfrac{2}{5}}\leq a\leq\boxed{2}$ $\quad\cdots$ **3단계**

채점 기준표

단계	채점 기준	비율
1단계	점 A를 지날 때 a의 값을 구한 경우	40 %
2단계	점 B를 지날 때 a의 값을 구한 경우	40 %
3단계	a의 값의 범위를 구한 경우	20 %

유제 2 선분 AB가 제4사분면 위에 있으므로 $y=ax$의 그래프가 제4사분면을 지나려면 a는 음수이다.

이때 a의 값이 작을수록 $y=ax$의 그래프는 y축에 가까워진다.

$y=ax$의 그래프가 선분 AB와 만나려면

a가 가장 작을 때는 점 A를 지나고

a가 가장 클 때는 점 B를 지나야 한다.

$y=ax$의 그래프가 점 $A(3, -6)$을 지나면

$-6=3a$이므로 $a=-2$ $\quad\cdots$ **1단계**

$y=ax$의 그래프가 점 $B(7, -2)$를 지나면

$-2=7a$이므로 $a=-\dfrac{2}{7}$ $\quad\cdots$ **2단계**

따라서 $-2\leq a\leq-\dfrac{2}{7}$ $\quad\cdots$ **3단계**

채점 기준표

단계	채점 기준	비율
1단계	점 A를 지날 때 a의 값을 구한 경우	40 %
2단계	점 B를 지날 때 a의 값을 구한 경우	40 %
3단계	a의 값의 범위를 구한 경우	20 %

예제 3 점 P의 x좌표는 3이므로 y좌표는 $\dfrac{a}{\boxed{3}}$이고,

$\quad\cdots$ **1단계**

점 Q의 x좌표는 $\boxed{6}$이므로 y좌표는 $\dfrac{a}{\boxed{6}}$이다.

$\quad\cdots$ **2단계**

y좌표의 차는 $\dfrac{a}{3}-\dfrac{a}{6}=\dfrac{a}{\boxed{6}}$이므로 $\dfrac{a}{\boxed{6}}=2$

따라서 $a=\boxed{12}$ $\quad\cdots$ **3단계**

채점 기준표

단계	채점 기준	비율
1단계	점 P의 y좌표를 구한 경우	30 %
2단계	점 Q의 y좌표를 구한 경우	30 %
3단계	a의 값을 구한 경우	40 %

유제 3 점 P의 y좌표는 3이므로 x좌표는 $\dfrac{a}{3}$이고,

$\qquad\qquad\qquad\qquad\qquad\qquad\qquad$ ··· **1단계**

점 Q의 y좌표는 2이므로 x좌표는 $\dfrac{a}{2}$이다.

$\qquad\qquad\qquad\qquad\qquad\qquad\qquad$ ··· **2단계**

x좌표의 차는 $\dfrac{a}{2}-\dfrac{a}{3}=\dfrac{a}{6}$이므로 $\dfrac{a}{6}=3$

따라서 $a=18$ $\qquad\qquad\qquad\qquad$ ··· **3단계**

채점 기준표

단계	채점 기준	비율
1단계	점 P의 x좌표를 구한 경우	30 %
2단계	점 Q의 x좌표를 구한 경우	30 %
3단계	a의 값을 구한 경우	40 %

예제 4 점 A의 x좌표가 2이므로 y좌표는 $\boxed{4}$이다.

$\qquad\qquad\qquad\qquad\qquad\qquad\qquad$ ··· **1단계**

점 A와 점 B의 y좌표가 같으므로
점 B의 y좌표는 $\boxed{4}$이고, x좌표는 $\boxed{-4}$이다.

$\qquad\qquad\qquad\qquad\qquad\qquad\qquad$ ··· **2단계**

삼각형 OAB에서 선분 AB의 길이는 $\boxed{6}$이고,
점 O에서 선분 AB까지의 거리는 $\boxed{4}$이다.
따라서 삼각형 OAB의 넓이는

$\dfrac{1}{2}\times\boxed{6}\times\boxed{4}=\boxed{12}$ $\qquad$ ··· **3단계**

채점 기준표

단계	채점 기준	비율
1단계	점 A의 y좌표를 구한 경우	30 %
2단계	점 B의 좌표를 구한 경우	30 %
3단계	삼각형 OAB의 넓이를 구한 경우	40 %

유제 4 점 A의 y좌표가 -3이므로 x좌표는 4 ··· **1단계**
점 A와 점 B의 x좌표가 같으므로
점 B의 x좌표는 4이고, y좌표는 2이다. ··· **2단계**
삼각형 OAB에서 선분 AB의 길이는 5이고,
점 O에서 선분 AB까지의 거리는 4
따라서 삼각형 OAB의 넓이는

$\dfrac{1}{2}\times5\times4=10$ $\qquad\qquad$ ··· **3단계**

채점 기준표

단계	채점 기준	비율
1단계	점 A의 x좌표를 구한 경우	30 %
2단계	점 B의 좌표를 구한 경우	30 %
3단계	삼각형 OAB의 넓이를 구한 경우	40 %

중단원 **실전 테스트** ①회 본문 84~86쪽

01 ④	02 ②	03 ⑤	04 ④	05 ②
06 ①	07 ④	08 ③	09 ②	10 ⑤
11 ②	12 ③	13 -1	14 $\dfrac{98}{3}$	15 12
16 $\dfrac{4}{5}$				

01 $\dfrac{y}{x}$의 값이 일정하면 y가 x에 정비례하므로
$y=ax(a\neq0)$ 꼴이다.
④ $y=2\times x \Rightarrow y=2x$이므로 y가 x에 정비례한다.
⑤ $y=2\div x \Rightarrow y=\dfrac{2}{x}$이므로 y가 x에 반비례한다.

02 ㄱ. 1분에 20장을 인쇄하는 프린터로 x분 동안 인쇄할
수 있는 종이의 수 y장 $\Rightarrow y=20x$
ㄴ. 윗변의 길이가 x, 아랫변의 길이가 3, 높이가 4인
사다리꼴의 넓이 $y \Rightarrow y=\dfrac{1}{2}\times(x+3)\times4$,
$y=2x+6$
ㄷ. 하루에 물을 1 L씩 마실 때 x일 동안 마신 물의 양
y L $\Rightarrow y=x$
ㄹ. 200쪽의 책을 하루에 x쪽씩 읽을 때 걸리는 일수
y일 $\Rightarrow y=\dfrac{200}{x}$
따라서 y가 x에 정비례하는 것은 ㄱ, ㄷ이다.

03 정비례 관계 $y=ax$의 그래프가 점 $(3,-9)$를 지나므
로 $-9=3a$, $a=-3$
정비례 관계 $y=-3x$의 그래프가 점 $(k,1)$을 지나므
로 $1=-3k$, $k=-\dfrac{1}{3}$
따라서 $a\div k=(-3)\div\left(-\dfrac{1}{3}\right)=(-3)\times(-3)=9$

04 y가 x에 정비례하므로 $y=kx(k\neq0)$ 꼴이다.
정비례 관계 $y=kx$의 그래프가 점 $(-3,4)$를 지나므
로 $4=-3k$, $k=-\dfrac{4}{3}$
정비례 관계 $y=-\dfrac{4}{3}x$의 그래프가 점 $(a,-8)$을 지
나므로 $-8=-\dfrac{4}{3}a$, $a=6$

05 y가 x에 반비례하므로 $y=\dfrac{k}{x}(k\neq0)$ 꼴이다.
반비례 관계 $y=\dfrac{k}{x}$의 그래프가 점 $(-2,6)$을 지나므

정답과 풀이 ┃ **43**

로 $6=\dfrac{k}{-2}$, $k=-12$

반비례 관계 $y=-\dfrac{12}{x}$의 그래프가 점 $(3,\ a)$를 지나

므로 $a=-\dfrac{12}{3}=-4$

반비례 관계 $y=-\dfrac{12}{x}$의 그래프가 점 $(b,\ -12)$를

지나므로 $-12=-\dfrac{12}{b}$, $b=1$

따라서 $a+b=(-4)+1=-3$

06 반비례 관계 $y=\dfrac{a}{x}$의 그래프는 $|a|$의 값이 클수록 원
점에서 멀어지므로 원점에서 멀리 떨어진 그래프부터
차례대로 나열하면 ①-⑤-②-④-③이다.

07 정비례 관계 $y=kx$의 그래프가 점 $(3,\ -2)$를 지나므
로 $-2=3k$, $k=-\dfrac{2}{3}$

정비례 관계 $y=-\dfrac{2}{3}x$의 그래프가 점 $\left(2-\dfrac{1}{2}a,\ 4\right)$를

지나므로

$4=-\dfrac{2}{3}\times\left(2-\dfrac{1}{2}a\right)$

$4=\left(-\dfrac{2}{3}\right)\times 2+\left(-\dfrac{2}{3}\right)\times\left(-\dfrac{1}{2}a\right)$

$4=-\dfrac{4}{3}+\dfrac{1}{3}a$

양변에 3을 곱하면

$12=-4+a$

$a=16$

따라서 반비례 관계 $y=\dfrac{16}{x}$의 그래프 위의 점은 $(8,\ 2)$

이다.

08 선분 AB가 제1사분면 위에 있으므로 $y=ax$의 그래
프가 제1사분면을 지나려면

$a>0$

이때 a의 값이 클수록 y축에 가까워진다.

$y=ax$의 그래프가 선분 AB와 만나려면

a의 값이 가장 클 때는 점 A를 지나고

a의 값이 가장 작을 때는 점 B를 지나야 한다.

정비례 관계 $y=ax$의 그래프가 점 A$(2,\ 7)$을 지날

때, $7=2a$이므로 $a=\dfrac{7}{2}$

정비례 관계 $y=ax$의 그래프가 점 B$(5,\ 1)$을 지날

때, $1=5a$이므로 $a=\dfrac{1}{5}$

따라서 $\dfrac{1}{5}\le a\le\dfrac{7}{2}$이고, 이를 만족하는 정수는 1, 2, 3

으로 3개이다.

09 y가 x에 반비례하므로 $y=\dfrac{a}{x}\ (a\ne 0)$ 꼴이다.

$x=-4$일 때 $y=\dfrac{5}{2}$이므로 $\dfrac{5}{2}=\dfrac{a}{-4}$

양변에 -4를 곱하면 $a=-10$

따라서 $y=-\dfrac{10}{x}$

10 y가 x에 반비례하므로 $y=\dfrac{a}{x}\ (a\ne 0)$ 꼴이다.

반비례 관계 $y=\dfrac{a}{x}$의 그래프가 점 $(3,\ 2)$를 지나므로

$2=\dfrac{a}{3}$, $a=6$

따라서 $y=\dfrac{6}{x}$

11 두 점 A, B의 좌표를 각각 $(2,\ a)$, $(2,\ b)$라고 하자.
정비례 관계 $y=3x$의 그래프가 점 A를 지나므로

$a=3\times 2=6$

정비례 관계 $y=-2x$의 그래프가 점 B를 지나므로

$b=(-2)\times 2=-4$

선분 AB의 길이는 10이고 원점 O에서 선분 AB까지

의 거리가 2이다.

따라서 삼각형 AOB의 넓이는 $\dfrac{1}{2}\times 10\times 2=10$

12 톱니바퀴 A가 x바퀴 회전하는 동안 톱니바퀴 B가 y
바퀴 회전한다고 하자.
톱니바퀴 A가 x바퀴 회전하는 동안 회전한 톱니는
$50x$개이고, 톱니바퀴 B가 y바퀴 회전하는 동안 회전
한 톱니는 $20y$개이다.
톱니바퀴 A, B가 서로 맞물려 돌아가므로 회전한 톱
니 수가 같다.

따라서 $50x=20y$, $y=\dfrac{5}{2}x$

$x=4$일 때, $y=\dfrac{5}{2}\times 4=10$이므로

톱니바퀴 A가 4바퀴 회전하는 동안 톱니바퀴 B는 10
바퀴 회전한다.

13 정비례 관계 $y=-2x$의 그래프가 점 $(a-1,\ 2a+6)$
을 지나므로 $2a+6=-2(a-1)$ ⋯ **1단계**

$2a+6=-2a+2$

$4a=-4$

따라서 $a=-1$ ⋯ **2단계**

채점 기준표

단계	채점 기준	비율
1단계	$y=-2x$에 점을 대입한 경우	60 %
2단계	a의 값을 구한 경우	40 %

14 점 P의 좌표를 $(4, a)$라고 하자.

정비례 관계 $y = -\dfrac{1}{2}x$의 그래프가 점 P를 지나므로

$a = -\dfrac{1}{2} \times 4 = -2$

이때 점 Q와 점 P는 y좌표가 서로 같고, 점 R와 점 P는 x좌표가 서로 같다.

두 점 Q, R의 좌표를 각각 $(b, -2)$, $(4, c)$라고 하자.

정비례 관계 $y = 3x$의 그래프가 점 Q를 지나므로

$-2 = 3b$, $b = -\dfrac{2}{3}$

정비례 관계 $y = 3x$의 그래프가 점 R를 지나므로

$c = 3 \times 4 = 12$ $\cdots$ **1단계**

선분 PQ의 길이는 $4 - \left(-\dfrac{2}{3} \right) = \dfrac{14}{3}$

선분 PR의 길이는 $12 - (-2) = 14$

따라서 삼각형 QPR의 넓이는

$\dfrac{1}{2} \times \dfrac{14}{3} \times 14 = \dfrac{98}{3}$ $\cdots$ **2단계**

채점 기준표

단계	채점 기준	비율
1단계	세 점 P, Q, R의 좌표를 구한 경우	60 %
2단계	삼각형의 넓이를 구한 경우	40 %

15 점 A의 좌표를 $(2, k)$라고 하자.

정비례 관계 $y = 3x$의 그래프가 점 A를 지나므로

$k = 3 \times 2 = 6$ $\cdots$ **1단계**

반비례 관계 $y = \dfrac{a}{x}$의 그래프가 점 $A(2, 6)$을 지나므로 $6 = \dfrac{a}{2}$, $a = 12$ $\cdots$ **2단계**

채점 기준표

단계	채점 기준	비율
1단계	점 A의 y좌표를 구한 경우	60 %
2단계	a의 값을 구한 경우	40 %

16 주어진 그래프와 점을 좌표평면 위에 나타내면 오른쪽 그림과 같다.

선분 AC의 길이는

$\dfrac{4}{a} - \dfrac{1}{a} = \dfrac{3}{a}$이고,

점 B에서 선분 AC까지의 거리가 $b - a$이므로 삼각형 ABC의 넓이는

$\dfrac{1}{2} \times \dfrac{3}{a} \times (b - a)$ $\cdots$ **1단계**

선분 BD의 길이는 $\dfrac{4}{b} - \dfrac{1}{b} = \dfrac{3}{b}$이고, 점 C에서 선분 BD까지의 거리가 $b - a$이므로 삼각형 BCD의 넓이는

$\dfrac{1}{2} \times \dfrac{3}{b} \times (b - a)$ $\cdots$ **2단계**

(삼각형 ABC의 넓이) : (삼각형 BCD의 넓이)

$= 5 : 4$이므로

$\dfrac{1}{2} \times \dfrac{3}{a} \times (b - a) : \dfrac{1}{2} \times \dfrac{3}{b} \times (b - a) = 5 : 4$

간단히 하면

$\dfrac{1}{a} : \dfrac{1}{b} = 5 : 4$이므로

$\dfrac{4}{a} = \dfrac{5}{b}$, 즉 $\dfrac{a}{b} = \dfrac{4}{5}$ $\cdots$ **3단계**

채점 기준표

단계	채점 기준	비율
1단계	문자 a, b를 사용하여 삼각형 ABC의 넓이를 나타낸 경우	30 %
2단계	문자 a, b를 사용하여 삼각형 BCD의 넓이를 나타낸 경우	30 %
3단계	$\dfrac{a}{b}$의 값을 구한 경우	40 %

중단원 실전 테스트 2회 본문 87~89쪽

01 ③	02 ⑤	03 ④	04 ②	05 ④
06 ③	07 ④	08 ③	09 ③	10 ③
11 ③	12 ⑤	13 $\dfrac{3}{2}$	14 (3, 12)	15 $\dfrac{2}{3}$

16 $y = \dfrac{100}{x}$, 반비례

01 y가 x에 정비례하므로 $y = ax(a \neq 0)$ 꼴이다.

$x = -1$일 때, $y = 4$이므로 $4 = a \times (-1)$, $a = -4$

정비례 관계 $y = -4x$의 그래프는 $-8 = -4 \times 2$이므로 점 $(2, -8)$을 지난다.

02 x의 값이 자연수이므로 정비례 관계 $y = -2x$를 표로 나타내면 다음과 같다.

x	1	2	3	4
y	-2	-4	-6	-8

03 ① 1개에 2000원인 복숭아 x개의 가격 y원
$\Rightarrow y = 2000x$

② 1개의 컵에 200 mL 우유를 따를 때 x개의 컵에 따르는 우유 전체의 양 y mL $\Rightarrow y = 200x$

③ 밑변의 길이가 x cm, 높이가 20 cm인 평행사변형의 넓이 y cm² $\Rightarrow y=20x$

④ 용량이 200 L인 빈 물통에 매분 x L씩 일정하게 물을 넣어 물통을 가득 채우는 데 걸리는 시간 y분
$\Rightarrow y=\dfrac{200}{x}$

⑤ 4점짜리 문제를 x개 맞혔을 때 받는 점수 y점
$\Rightarrow y=4x$

따라서 y가 x에 반비례하는 것은 ④이다.

04 y가 x에 반비례하므로 $y=\dfrac{k}{x}\,(k\neq0)$ 꼴이다.

반비례 관계 $y=\dfrac{k}{x}$의 그래프가 점 $(2,\,-5)$를 지나므로 $-5=\dfrac{k}{2}$, $k=-10$

반비례 관계 $y=-\dfrac{10}{x}$의 그래프가 점 $\left(a,\,\dfrac{5}{3}\right)$를 지나므로 $\dfrac{5}{3}=-\dfrac{10}{a}$

양변에 $3a$를 곱하면
$5a=-30$, $a=-6$

05 정비례 관계 $y=ax$ 또는 반비례 관계 $y=\dfrac{a}{x}$의 그래프는 $a<0$일 때, 제2사분면과 제4사분면을 지난다.

ㄱ. $y=3x$

ㄴ. $4x+y=0 \Rightarrow y=-4x$

ㄷ. $\dfrac{y}{x}=-1 \Rightarrow y=-x$

ㄹ. $y=\dfrac{-2}{x} \Rightarrow y=-\dfrac{2}{x}$

ㅁ. $xy+3=0 \Rightarrow y=-\dfrac{3}{x}$

ㅂ. $y-\dfrac{1}{x}=0 \Rightarrow y=\dfrac{1}{x}$

따라서 $a<0$인 것은 ㄴ, ㄷ, ㄹ, ㅁ의 4개이다.

06 정비례 관계 $y=ax$ 또는 반비례 관계 $y=\dfrac{a}{x}$의 그래프는 a의 부호에 따라 지나는 사분면이 다르다.

① $x+2y=0 \Rightarrow y=-\dfrac{1}{2}x$

② $\dfrac{y}{x}=-\dfrac{2}{3} \Rightarrow y=-\dfrac{2}{3}x$

③ $xy-6=0 \Rightarrow y=\dfrac{6}{x}$

④ $y=-\dfrac{3}{x}$

⑤ $y=-\dfrac{1}{4}x$

①, ②, ④, ⑤는 $a<0$이므로 제2사분면과 제4사분면

을 지나고 ③은 $a>0$이므로 제1사분면과 제3사분면을 지난다.

07 점 $(a,\,b)$가 제2사분면 위의 점이므로 $a<0$, $b>0$

ㄱ. 정비례 관계 $y=ax$의 그래프는 $a<0$이므로 오른쪽 아래로 향하는 직선

ㄴ. 반비례 관계 $y=\dfrac{b}{x}$의 그래프는 $b>0$이므로 제1사분면을 지난다.

ㄷ. 정비례 관계 $y=(a-b)x$의 그래프는 $a-b<0$이므로 x의 값이 증가할 때 y의 값은 감소한다.

ㄹ. 정비례 관계 $y=ax$의 그래프는 제2사분면과 제4사분면을 지나고, 반비례 관계 $y=\dfrac{b}{x}$의 그래프는 제1사분면과 제3사분면을 지나므로 서로 만나지 않는다.

따라서 옳은 것은 ㄴ, ㄹ이다.

08 점 B의 좌표를 $(k,\,0)$이라고 하자.

정비례 관계 $y=\dfrac{6}{5}x$의 그래프는 점 A를 지나므로 점 A의 좌표는 $\left(k,\,\dfrac{6}{5}k\right)$

선분 OB의 길이는 k, 선분 AB의 길이는 $\dfrac{6}{5}k$이므로

삼각형 AOB의 넓이는 $\dfrac{1}{2}\times k\times\dfrac{6}{5}k=\dfrac{3}{5}k^2$

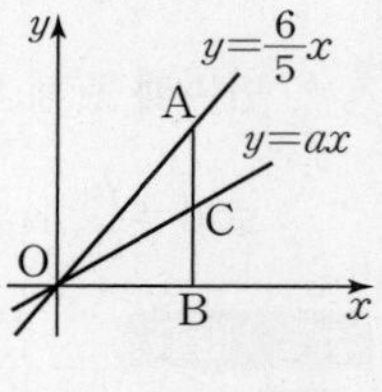

오른쪽 그림과 같이 정비례 관계 $y=ax$의 그래프와 선분 AB가 만나는 점을 C라고 하자. 정비례 관계 $y=ax$의 그래프가 삼각형 AOB의 넓이를 이등분하므로 삼각형 COB의 넓이는

$\dfrac{1}{2}\times\dfrac{3}{5}k^2=\dfrac{3}{10}k^2$

삼각형 COB의 넓이는

$\dfrac{1}{2}\times k\times$(선분 BC의 길이)$=\dfrac{3}{10}k^2$이므로

(선분 BC의 길이)$=\dfrac{3}{5}k$

따라서 점 C의 좌표는 $\left(k,\,\dfrac{3}{5}k\right)$

정비례 관계 $y=ax$의 그래프가 점 C를 지나므로

$\dfrac{3}{5}k=ak$, $a=\dfrac{3}{5}$

09 $y=\dfrac{8}{x}$의 그래프 위의 점 중에서 x좌표와 y좌표가 모

두 정수인 점은

$(-8, -1), (-4, -2), (-2, -4), (-1, -8),$
$(1, 8), (2, 4), (4, 2), (8, 1)$의 8개이다.

10 정비례 관계 $y=ax$의 그래프가 점 $(5, 3)$을 지나므로

$3=5a, a=\dfrac{3}{5}$

반비례 관계 $y=\dfrac{b}{x}$의 그래프가 점 $(5, 3)$을 지나므로

$3=\dfrac{b}{5}, b=15$

따라서 $ab=\dfrac{3}{5}\times 15=9$

11 두 점 A와 B의 x좌표를 a라고 하자.

정비례 관계 $y=3x$의 그래프는 점 A를 지나므로

점 A의 좌표는 $(a, 3a)$

정비례 관계 $y=\dfrac{3}{2}x$의 그래프는 점 B를 지나므로

점 B의 좌표는 $\left(a, \dfrac{3}{2}a\right)$

선분 AB의 길이는 $3a-\dfrac{3}{2}a=\dfrac{3}{2}a=9$이므로 $a=6$

점 A$(6, 18)$과 점 C의 y좌표가 같으므로 점 C를 $(k, 18)$이라고 하자.

정비례 관계 $y=\dfrac{3}{2}x$의 그래프는 점 C를 지나므로

$18=\dfrac{3}{2}k, k=12$

따라서 선분 AC의 길이는 $12-6=6$

12 (거리)$=$(시간)$\times$(속력)이므로

$100=xy, y=\dfrac{100}{x}$

13 반비례 관계 $y=-\dfrac{6}{x}$의 그래프가 점 $(2, b)$를 지나므로 $b=-\dfrac{6}{2}=-3$ $\cdots$ **1단계**

정비례 관계 $y=ax$의 그래프가 점 $(2, -3)$을 지나므로 $-3=2a, a=-\dfrac{3}{2}$ $\cdots$ **2단계**

따라서 $a-b=-\dfrac{3}{2}-(-3)=\dfrac{3}{2}$ $\cdots$ **3단계**

채점 기준표

단계	채점 기준	비율
1단계	b의 값을 구한 경우	40 %
2단계	a의 값을 구한 경우	40 %
3단계	$a-b$의 값을 구한 경우	20 %

14 점 A의 x좌표를 a라고 하자.

정비례 관계 $y=4x$의 그래프가 점 A를 지나므로

점 A의 좌표는 $(a, 4a)$

점 C의 좌표는 점 A를 기준으로 x좌표는 3만큼 증가하고 y좌표는 3만큼 감소한다.

따라서 점 C의 좌표는 $(a+3, 4a-3)$ $\cdots$ **1단계**

정비례 관계 $y=\dfrac{3}{2}x$의 그래프가 점 C를 지나므로

$4a-3=\dfrac{3}{2}(a+3)$ $\cdots$ **2단계**

양변에 2를 곱하면

$8a-6=3(a+3)$

$8a-6=3a+9$

$5a=15$

$a=3$

따라서 점 A의 좌표는 $(3, 12)$이다. $\cdots$ **3단계**

채점 기준표

단계	채점 기준	비율
1단계	점 A와 점 C의 관계를 구한 경우	30 %
2단계	정비례 관계식에 점을 대입한 경우	30 %
3단계	점 A의 좌표를 구한 경우	40 %

15 점 B의 x좌표는 5이고, 반비례 관계 $y=\dfrac{10}{x}$의 그래프가 점 B를 지나므로 $y=\dfrac{10}{5}=2$

따라서 점 B의 좌표는 $(5, 2)$ $\cdots$ **1단계**

정사각형의 한 변의 길이는 2이므로

점 A의 좌표는 $(3, 2)$ $\cdots$ **2단계**

정비례 관계 $y=ax$의 그래프가 점 A를 지나므로

$2=3a, a=\dfrac{2}{3}$ $\cdots$ **3단계**

채점 기준표

단계	채점 기준	비율
1단계	점 B의 좌표를 구한 경우	30 %
2단계	점 A의 좌표를 구한 경우	30 %
3단계	a의 값을 구한 경우	40 %

16 바둑돌 100개를 한 줄에 x개씩 y줄로 나열하면

$xy=100$이므로

$y=\dfrac{100}{x}$ $\cdots$ **1단계**

따라서 y가 x에 반비례한다. $\cdots$ **2단계**

채점 기준표

단계	채점 기준	비율
1단계	x와 y 사이의 관계식을 구한 경우	50 %
2단계	y가 x에 정비례인지 반비례인지 구한 경우	50 %

부록

실전 모의고사 **1회**　본문 92~95쪽

01 ④	**02** ②	**03** ④	**04** ②	**05** ④
06 ③	**07** ②	**08** ④	**09** ④	**10** ①
11 ⑤	**12** ③	**13** ③	**14** ③	**15** ①
16 ①	**17** ④	**18** ④	**19** ①	**20** ③

21 $9x - \dfrac{27}{2}y$ **22** 7 **23** 16년 후 **24** 25
25 -9

01 나눗셈 기호 ÷를 분수의 꼴로 바꾸면

$$x \times 3 - 2 \div y = 3x - \frac{2}{y}$$

02 ① 십의 자리의 숫자가 a이고 일의 자리의 숫자가 3인 수는 $10a+3$이다.
　③ 10초에 60 m 달리는 학생은 1초에 6 m 달리므로, x초 동안 달린 거리는 $6x$ m이다.
　④ 가로의 길이가 x m, 세로의 길이가 y m인 직사각형의 둘레의 길이는 $2(x+y)$ m이다.
　⑤ 3으로 나누었을 때 몫이 a이고 나머지가 b인 수는 $3a+b$이다.
　따라서 옳은 것은 ②이다.

03 ① 항은 $2x$, $-\dfrac{y}{4}$, -2로 3개이다.
　② 차수가 가장 큰 항은 $2x$ 또는 $-\dfrac{y}{4}$로 그 차수는 1이다.
　④ y의 계수는 $-\dfrac{1}{4}$이다.
　따라서 옳지 않은 것은 ④이다.

04 $2a+4-4a+1 = 2a-4a+4+1$
$\qquad\qquad\qquad\quad = -2a+5$

05 $9x^2+3y = 9 \times \left(-\dfrac{1}{3}\right)^2 + 3 \times 2$
$\qquad\qquad\quad = 9 \times \dfrac{1}{9} + 6$
$\qquad\qquad\quad = 1 + 6$
$\qquad\qquad\quad = 7$

06 탄수화물은 1 g당 4 kcal의 열량을 내므로 x g 섭취하였을 때 낼 수 있는 열량은 $4x$ kcal이다.

지방은 1 g당 9 kcal의 열량을 내므로 y g 섭취하였을 때 낼 수 있는 열량은 $9y$ kcal이다.
따라서 탄수화물 x g, 지방 y g을 섭취하였을 때 낼 수 있는 열량은 $(4x+9y)$ kcal이므로 밑줄 친 문장을 등식으로 나타내면
$$4x+9y=384$$

07 ㄴ. $\{-(-3)\}^2 = (+3)^2 = 9$
　ㄷ. $\dfrac{1}{x} \div x = \dfrac{1}{x} \times \dfrac{1}{x} = \dfrac{1}{x^2}$이므로 $\dfrac{1}{(-3)^2} = \dfrac{1}{9}$
　ㄹ. $x^2 \times \dfrac{2}{x} = 2x$이므로 $2 \times (-3) = -6$
　따라서 바르게 구한 것은 ㄱ, ㄷ이다.

08 ④ $\dfrac{a}{3}+1 = \dfrac{a+3}{3}$이므로 $\dfrac{a+3}{3} \neq \dfrac{b+1}{3}$

09 ② $3x+5=0$
　③ $8x-8=0$
　④ $x^2-4x+3=0$
　⑤ $x^2-x=x^2+3$에서 $-x-3=0$
　따라서 일차방정식이 아닌 것은 ④이다.

10 $-3(x+1) = 2(1-x)$
$-3x-3 = 2-2x$
$-3x+2x = 2+3$
$-x = 5$
따라서 $x = -5$

11 일차방정식의 해가 $x=3$이므로 $x=3$을
$a-7x = -(a+3x)-2$에 대입하면
$a-21 = -(a+9)-2$
$a-21 = -a-9-2$
$a+a = -9-2+21$
$2a = 10$
따라서 $a=5$

12 두 사람이 걸은 시간을 x분이라고 하자.
수지는 분속 60 m로 걸으므로 x분 동안 이동한 거리는 $60x$ m이다.
지은이는 분속 40 m로 걸으므로 x분 동안 이동한 거리는 $40x$ m이다.

두 사람이 $2\,\text{km}$, 즉
$2000\,\text{m}$의 원 모양의 산책로를 돌다 만나려면
$60x+40x=2000$
$100x=2000$
$x=20$
따라서 두 사람은 출발한 지 20분 후에 처음으로 다시
만난다.

13 수직선 위의 두 점 3과 b의 한가운데 점이 1이므로
$b=-1$
따라서 $\text{B}(-1)$과 $\text{M}(1)$의 한가운데 점의 좌표는
$\text{N}(0)$이다.
따라서 $x=0$

14 $ab<0$이므로 두 수 a, b의 부호는 다르다.
이때 $a-b<0$이므로 $a<b$
즉, $a<0$, $b>0$이다.
따라서 $a<0$, $-b<0$이므로 점 $(a,\,-b)$는 제3사분
면 위의 점이다.

15 (가) 점 P와 점 Q가 원점에 대하여 대칭이므로
  $c=-a$, $d=-b$
(나) 점 $(a-c,\,b-d)$가 제2사분면 위의 점이므로
  $a-c<0$, $b-d>0$
  이때 $a-c=a-(-a)=2a$이므로 $a<0$이고
  $b-d=b-(-b)=2b$이므로 $b>0$
  따라서 점 P는 제2사분면 위의 점이고, 점 Q는
  제4사분면 위의 점이다.
(다) 점 Q에서 x축까지의 거리가 2이므로 $|d|=2$
  y축까지의 거리가 3이므로 $|c|=3$
  즉, $\text{Q}(3,\,-2)$
  이때 $\text{P}(-3,\,2)$이므로 $a=-3$, $b=2$
  따라서 $2a-b=-6-2=-8$

16 그래프에서 요금이 일정한 구간은 3만 원으로 데이터
$4\,\text{GB}$를 기본으로 사용할 수 있으므로
$a=3$, $b=4$
$4\,\text{GB}$를 모두 사용한 후에는 $1\,\text{GB}$당 2만 원씩 요금이
늘어나므로
$c=2$
따라서 $2a-b+c=6-4+2=4$

17 ① 토끼가 달리기 시작한 것은 경주를 시작하고 20분
  후이다.
② $2\,\text{km}$ 지점에 토끼가 거북이보다 먼저 도착했다.
③ 거북이가 경주를 마치는데 총 100분이 걸렸다.
⑤ 경주하는 동안 토끼가 거북이보다 앞서 있는 시간
  은 10분이 넘는다.
따라서 옳은 것은 ④이다.

18 ① 원점을 지나는 직선이다.
② 제2사분면과 제4사분면을 지난다.
③ 오른쪽 아래로 향하는 직선이다.
④ 그래프 위의 점 $(a,\,-1)$에서 $-1=-3a$이므로
  $a=\dfrac{1}{3}$이다. 즉, 점 $\left(\dfrac{1}{3},\,-1\right)$은 제4사분면 위에 있다.
⑤ x값이 증가하면 y의 값은 감소한다.
따라서 옳은 것은 ④이다.

19 반비례 관계 $y=\dfrac{a}{x}$의 그래프가 점 $(2,\,3)$을 지나므로
$3=\dfrac{a}{2}$, $a=6$
정비례 관계 $y=ax$의 그래프가 점 $(-2,\,b)$를 지나므로
$b=-2a=-12$
따라서 $a+b=6+(-12)=-6$

20 압력을 x기압일 때, 부피를 $y\,\text{mL}$라고 하면 y는 x에
반비례한다. 즉, $y=\dfrac{a}{x}\,(a\neq0)$ 꼴이다.
점 $(30,\,40)$을 지나므로 $40=\dfrac{a}{30}$, $a=1200$
압력이 120기압일 때는 반비례 관계 $y=\dfrac{1200}{x}$에
$x=120$을 대입하면 $\dfrac{1200}{120}=10$
따라서 기체의 부피는 $10\,\text{mL}$이다.

21 (어떤 다항식)$\div\dfrac{3}{2}=4x-6y$이므로 등식의 성질에 의
하여 양변에 $\dfrac{3}{2}$을 곱해도 등식은 성립한다.
(어떤 다항식)$\div\dfrac{3}{2}\times\dfrac{3}{2}=(4x-6y)\times\dfrac{3}{2}$에서
(어떤 다항식)$=4x\times\dfrac{3}{2}-6y\times\dfrac{3}{2}$
$\qquad\qquad\qquad=6x-9y$
• • • 1단계
따라서 바르게 계산한 식은

$$(6x-9y) \times \frac{3}{2} = 6x \times \frac{3}{2} - 9y \times \frac{3}{2}$$
$$= 9x - \frac{27}{2}y \qquad \cdots \text{2단계}$$

22 일차방정식 $10-2x=3x-15$를 풀면
$$-2x-3x=-15-10$$
$$-5x=-25$$
$$x=5 \qquad \cdots \text{1단계}$$
$a=5$이므로 $a^2-3(a+1)$에 대입하면
$$5^2-3(5+1)=25-18=7 \qquad \cdots \text{2단계}$$

23 x년 후에 아버지의 나이가 호석이의 나이의 2배가 된다고 하자.
x년 후의 아버지의 나이는 $(44+x)$살,
호석이의 나이는 $(14+x)$살이므로
$$44+x=2(14+x) \qquad \cdots \text{1단계}$$
일차방정식을 풀면
$$44+x=28+2x$$
$$x-2x=28-44$$
$$-x=-16$$
$$x=16$$
따라서 16년 후 아버지의 나이가 호석이의 나이의 2배가 된다. $\qquad \cdots \text{2단계}$

24 좌표평면 위에 네 점을 나타내면 오른쪽 그림과 같다. $\qquad \cdots \text{1단계}$

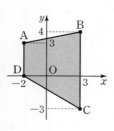

사각형 ABCD는 변 AD와 변 BC가 평행한 사다리꼴이다.
선분 AD의 길이는 3, 선분 BC

의 길이는 7이고
높이는 $3-(-2)=5 \qquad \cdots \text{2단계}$
따라서 사각형 ABCD의 넓이는
$$\frac{1}{2} \times (3+7) \times 5 = 25 \qquad \cdots \text{3단계}$$

25 주어진 그림은 반비례 관계의 그래프이므로 $y=\frac{b}{x}$ $(b \neq 0)$의 꼴이다.
$y=\frac{b}{x}$의 그래프가 점 $(-3, 1)$을 지나므로
$$1=\frac{b}{-3}, \ b=-3$$
즉, $y=-\frac{3}{x} \qquad \cdots \text{1단계}$
$y=-\frac{3}{x}$이 점 $\left(\frac{1}{3}, a\right)$를 지나므로
$$a=-3 \div \frac{1}{3}=-9 \qquad \cdots \text{2단계}$$

다른 풀이 주어진 그림은 반비례 관계의 그래프이므로 x, y의 곱 xy의 값이 항상 일정하다. $\qquad \cdots \text{1단계}$
따라서 $(-3) \times 1 = \frac{1}{3} \times a$이므로 $a=-9$ $\cdots \text{2단계}$

실전 모의고사 2회
본문 96~99쪽

01 ⑤	**02** ④	**03** ⑤	**04** ⑤	**05** ③
06 ①	**07** ④	**08** ⑤	**09** ④	**10** ③
11 ③	**12** ①	**13** ②	**14** ②	**15** ③
16 ①	**17** ④	**18** ③	**19** ①	**20** ⑤
21 -1	**22** $(6x-3y)$cm		**23** $\frac{3}{2}$ km	**24** 7
25 $\frac{15}{2}$				

01 ① $(-1) \times 2 \times x = -2x$

② $0.1 \times x \times y = 0.1xy$

③ $2x \times (-2y) \div 2 = -2xy$

④ $x \div y \times 2 = \dfrac{2x}{y}$

따라서 옳은 것은 ⑤이다.

02 ① $x+2$는 항이 2개인 다항식이다.

② $3x$의 차수는 1이다.

③ x^2-1의 상수항은 -1이다.

⑤ $3x^2-2x+1$에서 x의 계수는 -2이다.

따라서 옳은 것은 ④이다.

03 분수의 꼴로 나타나는 일차식의 덧셈과 뺄셈은 분모를 통분한 후 동류항끼리 계산한다.

$$\frac{x-y}{2} - \frac{x+y}{4} = \frac{2(x-y)}{4} - \frac{x+y}{4}$$
$$= \frac{2(x-y)-(x+y)}{4}$$
$$= \frac{2x-2y-x-y}{4}$$
$$= \frac{2x-x-2y-y}{4}$$
$$= \frac{x-3y}{4} = \frac{1}{4}x - \frac{3}{4}y$$

이므로 $a = \dfrac{1}{4}$, $b = -\dfrac{3}{4}$

따라서 $a-b = \dfrac{1}{4} - \left(-\dfrac{3}{4}\right) = 1$

04 $x=-2$를 $-2x+1$에 대입하면

$(-2) \times (-2) + 1 = 4+1 = 5$

05 하루에 12쪽씩 x일 동안 읽으면 읽은 쪽수는 $12x$쪽이므로 남은 쪽수는 $(300-12x)$쪽이다.

이때 남은 쪽수가 156쪽이므로 주어진 문장을 등식으로 나타내면

$300-12x = 156$

06 주어진 식이 x에 대한 항등식이므로 좌변과 우변을 정리하였을 때 서로 같아야 한다.

$3x^2+bx-3 = a(x^2+2x+1)+c$에서 우변의 괄호를 풀면

$3x^2+bx-3 = ax^2+2ax+a+c$

x^2의 계수가 서로 같아야 하므로 $a=3$

x의 계수가 서로 같아야 하므로 $b=2a=6$

상수항이 서로 같아야 하므로 $-3=a+c$, $c=-6$

따라서 $a+b+c = 3+6+(-6) = 3$

07 ④ $3x=-3$이어야 하므로 처음으로 틀린 곳은 ④이다.

08 일차방정식 $1-(3x-7)=a(3-2x)$의 해가 $x=-2$이므로 이를 대입하면

$1-\{3 \times (-2)-7\} = a\{3-2 \times (-2)\}$

$1-(-6-7) = a(3+4)$

$14 = 7a$

따라서 $a=2$

09 연속하는 두 홀수 중 작은 수를 x라고 하면 큰 수는 $(x+\boxed{2})$이므로

$x+(x+\boxed{2}) = 36$

방정식을 풀면

$2x+\boxed{2} = 36$

$2x = \boxed{34}$

$x = \boxed{17}$

따라서 두 홀수 중 작은 수는 $\boxed{17}$이다.

따라서 $a=2$, $b=34$, $c=17$이므로

$2a+b-c = 4+34-17 = 21$

10 꽃밭의 가로의 길이를 x m라고 하면 세로의 길이는 $(x-4)$ m이므로

$2x+2(x-4) = 40$

$2x+2x-8 = 40$

$4x = 48$

$x = 12$

따라서 꽃밭의 가로의 길이는 12 m, 세로의 길이는 8 m이므로 꽃밭의 넓이는

$12 \times 8 = 96 \,(\text{m}^2)$

11 좌표평면 위의 점의 좌표를 구하면 다음과 같다.

A$(-3, 1)$, B$(-1, 3)$ C$(1, -3)$, D$(3, -4)$, E$(4, 4)$

12 두 순서쌍 $(a+1, 3)$과 $(b-1, b+2)$가 서로 같으므로 $a+1=b-1$, $3=b+2$

$3=b+2$에서 $b=1$

$a+1=b-1$에서 $a=-1$

따라서 $a-b = (-1)-1 = -2$

13 ② 점 $(2, -3)$은 x좌표가 양수이고 y좌표가 음수이
므로 제4사분면 위의 점이다.
④, ⑤ 좌표축 위의 점은 어느 사분면에도 속하지 않는
다.
따라서 사분면을 잘못 짝지은 것은 ②이다.

14 점 $(-a, b)$가 제3사분면 위의 점이므로
$-a<0, b<0$, 즉 $a>0, b<0$
① $a>0, b<0$이므로 점 (a, b)는 제4사분면 위의 점
이다.
② $ab<0, a>0$이므로 점 (ab, a)는 제2사분면 위의
점이다.
③ $a-b>0, b<0$이므로 점 $(a-b, b)$는 제4사분면
위의 점이다.
④ $\dfrac{a}{b}<0, b<0$이므로 점 $\left(\dfrac{a}{b}, b\right)$는 제3사분면 위의
점이다.
⑤ $a+b$의 부호를 알 수 없으므로 점 $(b, a+b)$가 속
한 사분면은 알 수 없다.

15 y축 위에 있는 점의 좌표는 $(0, a)$ 꼴이다.
이때 원점으로부터 거리가 5이므로 $|a|=5$
따라서 점 $(0, 5)$ 또는 점 $(0, -5)$

16 원기둥 모양의 부분은 밑면의 넓이가 일정하므로 매초
일정한 양의 물을 채우면 높이가 일정하게 증가한다.
반구 모양의 부분은 물을 채울 때, 밑면의 넓이가 점점
넓어지므로 높이가 천천히 증가한다.
따라서 그래프로 가장 적절한 것은 ①이다.

17 정비례 관계 $y=ax$의 그래프는 $|a|$의 값이 클수록 y
축에 가까워진다.
따라서 y축에 가까운 순서는 ④, ③, ⑤, ①, ②이다.

18 ③ 반비례 관계 $y=-\dfrac{6}{x}$의 그래프는 제2사분면과 제4
사분면을 지나고, 정비례 관계 $y=2x$의 그래프는
제1사분면과 제3사분면을 지나므로 두 그래프는 서
로 만나지 않는다.
④ 반비례 관계 $y=\dfrac{a}{x}$의 그래프는 $|a|$의 값이 클수록
원점에서 멀어진다.
⑤ $x<0$일 때 x의 값이 증가하면 y의 값도 증가하고,

$x>0$일 때 x의 값이 증가하면 y의 값도 증가한다.
따라서 옳지 않은 것은 ③이다.

19 두 점 Q, R의 좌표를 각각 $(q, 0)$, $(0, r)$라고 하면
$q>0, r<0$이고 P의 좌표는 (q, r)이다.
이때 선분 OQ의 길이는 q, 선분 OR의 길이는 $-r$이
므로 사각형 ORPQ의 넓이는
$q\times(-r)=20$, 즉 $qr=-20$
반비례 관계 $y=\dfrac{a}{x}$의 그래프가 점 P를 지나므로
$a=qr=-20$
한편, 반비례 관계 $y=-\dfrac{20}{x}$의 그래프가 점 $(k, 5)$를
지나므로
$5=-\dfrac{20}{k}$, $k=-4$
따라서 $a+k=(-20)+(-4)=-24$

20 톱니바퀴 A가 1분 동안 회전한 톱니는 30×6(개)
톱니바퀴 B가 1분 동안 회전한 톱니는 xy개
두 톱니바퀴 A, B가 서로 맞물려 돌아가므로 회전한
톱니 수는 같다.
따라서 $180=xy$, $y=\dfrac{180}{x}$

21 $3x-2=-x+6$에서
$3x+x=6+2$
$4x=8$
$x=2$ · · · **1단계**
두 일차방정식의 해가 같으므로 $2x+a=ax+5$에
$x=2$를 대입하면
$4+a=2a+5$
$a-2a=5-4$
$-a=1$
따라서 $a=-1$ · · · **2단계**

채점 기준표

단계	채점 기준	배점
1단계	일차방정식의 해를 구한 경우	3점
2단계	a의 값을 구한 경우	2점

22 직육면체의 부피는 (가로)×(세로)×(높이)이므로
$16x-8y=4\times\dfrac{2}{3}\times$(높이) · · · **1단계**
따라서

$(높이)=(16x-8y)\div\dfrac{8}{3}$

$\qquad=(16x-8y)\times\dfrac{3}{8}$

$\qquad=16x\times\dfrac{3}{8}-8y\times\dfrac{3}{8}$

$\qquad=6x-3y\,(cm)$ · · · 2단계

채점 기준표

단계	채점 기준	배점
1단계	부피에 대한 식을 세운 경우	2점
2단계	높이를 구한 경우	3점

23 집에서 도서관까지의 거리를 x km라고 하자.

· · · 1단계

집에서 도서관으로 가는 데 1시간이 걸렸으므로 갈 때의 속력은 시속 x km이다.

도서관에서 집으로 돌아오는 데 36분 $\left(\dfrac{36}{60}=\dfrac{3}{5}시간\right)$ 이 걸렸으므로 올 때의 속력은

시속 $x\div\dfrac{3}{5}=\dfrac{5}{3}x$ km이다.

도서관으로 갈 때와 집으로 돌아올 때의 속력이 시속 1 km 차이가 나므로

$x+1=\dfrac{5}{3}x$ · · · 2단계

$\dfrac{2}{3}x=1$

$x=\dfrac{3}{2}$

따라서 집에서 도서관까지의 거리는 $\dfrac{3}{2}$ km이다

· · · 3단계

채점 기준표

단계	채점 기준	배점
1단계	미지수를 정한 경우	1점
2단계	일차방정식을 세운 경우	2점
3단계	집에서 도서관까지의 거리를 구한 경우	2점

다른 풀이 집에서 도서관까지 갈 때의 속력을 시속 x km라고 하자.   · · · 1단계

도서관에서 집으로 돌아올 때의 속력은

시속 $(x+1)\,(km)$

집에서 도서관까지 가는 데 시속 x km로 1시간이 걸렸으므로 집에서 도서관까지의 거리는

$x\times1=x\,(km)$ · · · · · · ㉠

도서관에서 집으로 돌아오는 데 시속 $(x+1)$ km로

36분 $\left(\dfrac{36}{60}=\dfrac{3}{5}시간\right)$ 이 걸렸으므로 도서관에서 집까지

의 거리는 $(x+1)\times\dfrac{3}{5}=\left(\dfrac{3}{5}x+\dfrac{3}{5}\right)$ km이다.

· · · · · · ㉡

㉠과 ㉡이 같으므로

$x=\dfrac{3}{5}x+\dfrac{3}{5}$ · · · 2단계

$\dfrac{2}{5}x=\dfrac{3}{5}$

$2x=3$

$x=\dfrac{3}{2}$

집에서 도서관까지 갈 때 속력은 시속 $\dfrac{3}{2}$ km이므로

집에서 도서관까지의 거리는 $\dfrac{3}{2}\times1=\dfrac{3}{2}\,(km)$

· · · 3단계

채점 기준표

단계	채점 기준	배점
1단계	미지수를 정한 경우	1점
2단계	일차방정식을 세운 경우	2점
3단계	집에서 도서관까지의 거리를 구한 경우	2점

24 좌표평면 위에 세 점을 나타내면 오른쪽 그림과 같다.   · · · 1단계

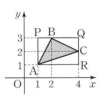

삼각형 ABC의 각 꼭짓점을 지나고 x축과 y축에 평행한 직사각형 ARQP를 만든다.

(삼각형 ABC의 넓이)

=(직사각형 ARQP의 넓이)

$\quad$ −(삼각형 ABP의 넓이)−(삼각형 BCQ의 넓이)

$\qquad\qquad\qquad\quad$ −(삼각형 ARC의 넓이)

· · · 2단계

이때 직사각형 ARQP의 넓이는 $3\times2=6$

삼각형 ABP의 넓이는 $\dfrac{1}{2}\times1\times2=1$

삼각형 BCQ의 넓이는 $\dfrac{1}{2}\times2\times1=1$

삼각형 ARC의 넓이는 $\dfrac{1}{2}\times3\times1=\dfrac{3}{2}$

이므로

$(삼각형\ ABC의\ 넓이)=6-1-1-\dfrac{3}{2}=\dfrac{5}{2}$ · · · 3단계

따라서 $a=5$, $b=2$이므로 $a+b=7$ · · · 4단계

채점 기준표

단계	채점 기준	배점
1단계	좌표평면 위에 점을 나타낸 경우	1점
2단계	삼각형의 넓이를 구하는 방법을 찾은 경우	2점
3단계	삼각형의 넓이를 구한 경우	1점
4단계	$a+b$의 값을 구한 경우	1점

25 점 A와 점 B의 y좌표가 2이므로 두 점의 좌표를 각각 $(a, 2)$, $(b, 2)$라고 하자.

정비례 관계 $y=4x$의 그래프가 점 A$(a, 2)$를 지나므로 $2=4a$, $a=\dfrac{1}{2}$

정비례 관계 $y=\dfrac{1}{4}x$의 그래프가 점 B$(b, 2)$를 지나므로 $2=\dfrac{1}{4}b$, $b=8$ · · · 1단계

이때 선분 AB의 길이는 $8-\dfrac{1}{2}=\dfrac{15}{2}$

삼각형 AOB의 넓이는 밑변이 $\dfrac{15}{2}$이고 높이가 2이므로 $\dfrac{1}{2}\times\dfrac{15}{2}\times 2=\dfrac{15}{2}$ · · · 2단계

채점 기준표

단계	채점 기준	배점
1단계	점 A와 점 B의 좌표를 각각 구한 경우	3점
2단계	삼각형 OAB의 넓이를 구한 경우	2점

실전 모의고사 3회   본문 100~103쪽

01 ③	**02** ④	**03** ①	**04** ①	**05** ④
06 ③	**07** ③	**08** ⑤	**09** ④	**10** ①
11 ①	**12** ②	**13** ②	**14** ⑤	**15** ③
16 ②	**17** ⑤	**18** ④	**19** ①	**20** ④
21 $A: x-2$ $B: 3x-8$			**22** 37명	**23** 6
24 $-6, 10$ **25** 32				

01 ① 10개에 a원인 사과 한 개의 가격은 $\dfrac{a}{10}$원이다.

② 5L의 우유를 b명이 똑같이 나누어 마실 때, 한 명이 마시는 물의 양은 $\dfrac{5}{b}$L이다.

③ 밑변의 길이가 10 cm이고 높이가 h cm인 삼각형의 넓이는 $\dfrac{1}{2}\times 10\times h=5h(\text{cm}^2)$이다.

④ 전체 학생 수가 20명이고 남학생 수가 x명일 때, 여학생 수는 $(20-x)$명이다.

⑤ 한 개에 500원인 사탕을 y개 구매할 때, 지불해야 하는 돈은 $500y$원이다.

따라서 옳은 것은 ③이다.

02 $2x-[x+2\{x-3(x-1)\}]$
$=2x-\{x+2(x-3x+3)\}$
$=2x-(x+2x-6x+6)$

$=2x-x-2x+6x-6$
$=5x-6$

03 $(-5x+20)\div\dfrac{5}{3}=(-5x+20)\times\dfrac{3}{5}$
$\qquad\qquad\qquad =(-5x)\times\dfrac{3}{5}+20\times\dfrac{3}{5}$
$\qquad\qquad\qquad =-3x+12$

따라서 $a=-3$, $b=12$이므로
$a-b=(-3)-12=-15$

04 음수를 대입할 때는 괄호를 사용한다.

$x=2$, $y=-1$을 $\dfrac{x-4y}{xy}$에 대입하면

$\dfrac{2-4\times(-1)}{2\times(-1)}=\dfrac{2+4}{-2}=-3$

05 등식의 좌변 또는 우변을 간단히 정리하였을 때, 좌변과 우변이 같은 식이면 항등식이다.

ㄱ. (좌변)$=2x(x+1)=2x^2+2x$, (우변)$=2x^2+2$

ㄴ. (좌변)$=2x+1-5x=-3x+1$,
 (우변)$=-3x+1$

ㄷ. (좌변)$=3(x-1)+1=3x-2$, (우변)$=3x-2$

ㄹ. (좌변)$=3-x$, (우변)$=6-2x$

따라서 항등식인 것은 ㄴ, ㄷ이다.

06 $x=3$의 양변에 -2를 곱하면

$-2x=\boxed{-6}$

양변에 1을 더하면

$-2x+1=\boxed{-6}+\boxed{1}$

우변을 정리하면

$-2x+1=\boxed{-5}$

따라서 $a=-6$, $b=1$, $c=-5$이므로
$a+b+c=(-6)+1+(-5)=-10$

07 우변에 있는 모든 항을 좌변으로 정리하여 이항한 식이 (일차식)$=0$의 꼴로 나타내어지는지 확인한다.

① 등호가 없으므로 방정식이 아니다.

② $2(x-1)=2x-2$에서 좌변과 우변이 같으므로 x에 대한 항등식이다.

③ $-5x+3=3$, $-5x=0$이므로 일차방정식이다.

④ $x^2-2x+1=0$이므로 일차방정식이 아니다.

⑤ $x(x-2)=3$, $x^2-2x-3=0$이므로 일차방정식이 아니다.

08 $\dfrac{x}{3}-2=-\dfrac{6-x}{5}$에서 양변에 15를 곱하면

$5x-30=-3(6-x)$

$5x-30=-18+3x$

$5x-3x=-18+30$

$2x=12$

따라서 $x=6$

09 문제집의 가격을 x원이라고 하면 집 앞 서점에서 문제집 가격은 x원, 인터넷 서점에서 문제집 가격은

$x\times\left(1-\dfrac{10}{100}\right)=x\times\dfrac{90}{100}$(원)

인터넷 서점에서 문제집을 사면 배송료가 추가되므로 지불하는 금액은 $\left(x\times\dfrac{90}{100}+3000\right)$원이다.

집 앞 서점에서 사는 것이 1000원 더 저렴하므로 밑줄 친 부분을 등식으로 나타내면

$x+1000=x\times\dfrac{90}{100}+3000$

10 (어떤 식)$-(-2x+5)=3x-1$이므로

(어떤 식)$=3x-1+(-2x+5)=x+4$

따라서 바르게 계산한 식은

$(x+4)+(-2x+5)=-x+9$

11 점 P의 좌표는 $(2,\,-1)$이므로 $a=2$, $b=-1$

점 Q는 x축 위에 있으므로 y좌표는 0이다.

즉, $d=0$

또 점 Q는 원점에서의 거리가 2이므로 $|c|=2$

$c+d<0$이므로 $c=-2$

따라서 $ac+bd=2\times(-2)+(-1)\times0=-4$

12 점 A가 x축 위의 점이므로 y좌표가 0이다.

즉, $2a-4=0$이므로 $a=2$

따라서 점 A의 좌표는 $(4,\,0)$이므로 점 A와 원점 O 사이의 거리는 4이다.

13 좌표축 위의 점은 어느 사분면에도 속하지 않는다.

ㄴ. $(10,\,3)$은 제1사분면 위의 점이다.

ㄷ. $(4,\,-6)$은 제4사분면 위의 점이다.

ㅁ. $(-1,\,-3)$은 제3사분면 위의 점이다.

따라서 어느 사분면에도 속하지 않는 점은 ㄱ, ㄹ의 2개이다.

14 x축에 대하여 대칭인 점은 x좌표는 서로 같고 y좌표는 부호가 반대이며 절댓값이 서로 같다.

두 점 $(a+1,\,2b-3)$, $(2a-7,\,b-3)$이 x축에 대하여 대칭이므로

$a+1=2a-7$에서

$a-2a=-7-1$

$-a=-8$, $a=8$

$2b-3=-(b-3)$에서

$2b-3=-b+3$

$2b+b=3+3$

$3b=6$, $b=2$

따라서 $a-b=8-2=6$

15 점 $(a+b,\,ab)$가 제2사분면 위의 점이므로

$a+b<0$, $ab>0$ 즉, $a<0$, $b<0$

① a와 b의 대소 관계를 모르므로 $a-b$의 부호는 알 수 없다.

② $a^2>0$, $b^2>0$이므로 $a^2+b^2>0$

③ $\dfrac{1}{a}+\dfrac{1}{b}=\dfrac{b+a}{ab}$에서 $a+b<0$, $ab>0$이므로

$\dfrac{1}{a}+\dfrac{1}{b}=\dfrac{b+a}{ab}<0$

④ $\dfrac{1}{a}-\dfrac{1}{b}=\dfrac{b-a}{ab}$에서 $b-a$의 부호는 알 수 없다.

⑤ $\dfrac{a}{b}+\dfrac{b}{a}=\dfrac{a^2+b^2}{ab}$에서 $a^2+b^2>0$, $ab>0$이므로

$\dfrac{a}{b}+\dfrac{b}{a}=\dfrac{a^2+b^2}{ab}>0$

따라서 항상 옳은 것은 ③이다.

16 좌표평면 위에 세 점을 나타내면 오른쪽 그림과 같다.

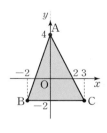

선분 BC의 길이는 $3-(-2)=5$

점 A에서 선분 BC까지의 거리는 $4-(-2)=6$이므로 삼각형 ABC의 넓이는

$\dfrac{1}{2}\times5\times6=15$

17 ㄱ. 0 ℃에서 물의 부피가 얼음의 부피보다 작다.

ㄷ. 온도가 0 ℃~2 ℃일 때, 온도가 증가하면 물의 부피는 감소한다.

따라서 옳은 것은 ㄴ, ㄹ이다.

18 $\dfrac{y}{x}$의 값이 -2로 항상 일정한 식은 $\dfrac{y}{x}=-2$ 즉, $y=-2x$이다.

① y가 x에 정비례한다.

② xy의 값이 항상 일정한 것은 반비례 관계이다.

③ x의 값이 2일 때, y의 값은 -4이다.

⑤ x의 값이 2배가 되면 y의 값도 2배가 된다.

따라서 항상 옳은 것은 ④이다.

19 반비례 관계 $y=\dfrac{a}{x}$의 그래프가 점 $(6,\ -2)$를 지나므로 $-2=\dfrac{a}{6}$, $a=-12$

반비례 관계 $y=-\dfrac{12}{x}$의 그래프가 점 $(b,\ 4)$를 지나므로 $4=-\dfrac{12}{b}$, $b=-3$

따라서 $a+b=(-12)+(-3)=-15$

20 물탱크에 매분 x L씩 물을 넣으면 가득 채우는데 y분이 걸린다고 하자.

2 L씩 채우면 30분만에 물이 가득 차므로

$xy=2\times30=60$, $y=\dfrac{60}{x}$

$y=10$일 때, $10=\dfrac{60}{x}$이므로 $x=6$

따라서 물탱크를 10분 만에 가득 채우려면 매분 6 L씩 물을 넣어야 한다.

21

(가)	$3x-12$	$x+2$
$3x-4$	A	
(나)		B

첫 번째 가로줄에서

(가)$+(3x-12)+(x+2)=3x-6$이므로

(가)$+4x-10=3x-6$

(가)$=3x-6-4x+10=-x+4$

첫 번째 세로줄에서

$(-x+4)+(3x-4)+$(나)$=3x-6$이므로

$2x+$(나)$=3x-6$

(나)$=3x-6-2x=x-6$ $\quad\cdots$ 1단계

대각선($\diagup$)에서

$(x+2)+A+(x-6)=3x-6$이므로

$A+2x-4=3x-6$

$A=3x-6-2x+4=x-2$ $\quad\cdots$ 2단계

대각선($\diagdown$)에서

$(-x+4)+(x-2)+B=3x-6$이므로

$2+B=3x-6$

$B=3x-6-2=3x-8$ $\quad\cdots$ 3단계

22 의자의 개수를 x라고 하자.

의자에 학생들이 5명씩 앉았더니 마지막 한 의자에 3자리가 남았으므로 학생 수는 $(5x-3)$명이다.

의자에 학생들이 4명씩 앉았더니 5명이 앉지 못하였으므로 학생 수는 $(4x+5)$명이다.

학생 수가 같으므로

$5x-3=4x+5$ $\quad\cdots$ 1단계

$x=8$

따라서 의자의 개수는 8이므로 $\quad\cdots$ 2단계

학생 수는

$5\times8-3=37$(명) (또는 $4\times8+5=37$(명))

$\quad\cdots$ 3단계

다른 풀이 학생 수를 x명이라고 하자.

의자에 학생들이 5명씩 앉았더니 마지막 한 의자에 3자리가 남았으므로 의자의 개수는 $\dfrac{x+3}{5}$

의자에 학생들이 4명씩 앉았더니 5명이 앉지 못하였으므로 의자의 개수는 $\dfrac{x-5}{4}$

의자의 개수가 같으므로 $\dfrac{x+3}{5}=\dfrac{x-5}{4}$ $\quad\cdots$ 1단계

$4(x+3)=5(x-5)$

$4x+12=5x-25$

$4x-5x=-25-12$

$-x=-37$

$x=37$

따라서 학생 수는 37명이다. $\quad\cdots$ 2단계

23 점 A가 x축 위에 있으므로 점 A의 y좌표는 0이다.

즉, $n-2=0$, $n=2$

점 B가 y축 위에 있으므로 점 B의 x좌표는 0이다.

즉, $2m-2=0$, $m=1$ ··· 1단계

따라서 A$(4, 0)$, B$(0, -3)$

··· 2단계

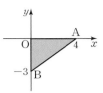

따라서 삼각형 AOB의 넓이는

$\frac{1}{2} \times 4 \times 3 = 6$ ··· 3단계

24 좌표평면 위에 세 점 A, B, C를 나타내면 다음과 같다.

(ⅰ) $k>2$인 경우

선분 AC의 길이는 $k-2$

밑변이 선분 AC이고 높이가 5이므로 삼각형 ABC의 넓이는

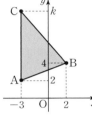

$\frac{1}{2} \times (k-2) \times 5 = 20$

··· 1단계

$5 \times (k-2) = 40$

$k-2=8$, $k=10$

(ⅱ) $k<2$인 경우

선분 AC의 길이는 $2-k$

밑변이 선분 AC이고 높이가 5이므로 삼각형 ABC의 넓이는

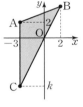

$\frac{1}{2} \times (2-k) \times 5 = 20$ ··· 2단계

$5 \times (2-k) = 40$

$2-k=8$, $k=-6$

따라서 삼각형 ABC의 넓이가 20이 되도록 하는 k의 값은 10 또는 -6이다. ··· 3단계

다른 풀이 선분 AC의 길이는 $|k-2|$

삼각형 ABC의 넓이는 밑변이 선분 AC이고 높이가 5이므로 $\frac{1}{2} \times |k-2| \times 5 = 20$ ··· 1단계

$5 \times |k-2| = 40$

$|k-2| = 8$

(ⅰ) $k-2=8$, $k=10$

(ⅱ) $k-2=-8$, $k=-6$

따라서 $k=10$ 또는 $k=-6$ ··· 2단계

25 점 A의 좌표를 (a, b)라고 하자.

반비례 관계 $y=\frac{8}{x}$의 그래프가 점 (a, b)를 지나므로

$b=\frac{8}{a}$, $ab=8$ ··· 1단계

점 C가 점 A와 원점에 대하여 대칭이므로 점 C의 좌표는 $(-a, -b)$

사각형 ABCD는 각 변이 x축 또는 y축에 평행한 직사각형이므로

가로의 길이는 $2a$, 세로의 길이는 $2b$

따라서 사각형 ABCD의 넓이는

$2a \times 2b = 4ab = 32$ ··· 2단계

최종 마무리 50제

본문 104~111쪽

01 ④	02 ④	03 ⑤	04 ①	05 ②
06 ③	07 ②	08 ②	09 ②	10 ⑤
11 ⑤	12 ④	13 ③	14 ④	15 ④
16 ②	17 ②	18 ②	19 ①	20 ②
21 ③	22 ④	23 ③	24 ④	25 ⑤
26 ⑤	27 ③	28 ②	29 ③	30 ③
31 ③	32 ④	33 ②	34 ③	35 ②
36 ⑤	37 ③	38 ①	39 ③	40 ③
41 ②, ④	42 ④	43 ②	44 ③	45 ④
46 ②	47 ⑤	48 ①	49 ③	50 ②

01 $a \div (b \times c) = a \div bc = \frac{a}{bc}$

① $a \times b \times c = abc$

② $a \times b \div c = \dfrac{ab}{c}$

③ $a \times (b \div c) = a \times \dfrac{b}{c} = \dfrac{ab}{c}$

④ $a \div b \div c = a \times \dfrac{1}{b} \times \dfrac{1}{c} = \dfrac{a}{bc}$

⑤ $a \div (b \div c) = a \div \dfrac{b}{c} = a \times \dfrac{c}{b} = \dfrac{ac}{b}$

02 작년의 남학생 수는 x명이고 올해는 작년보다 10% 감소하였으므로 올해의 남학생 수는

$\left(1 - \dfrac{10}{100}\right) \times x = \dfrac{90}{100}x$(명)

작년의 여학생 수는 y명이고 올해는 작년보다 20% 증가하였으므로 올해의 여학생 수는

$\left(1 + \dfrac{20}{100}\right) \times y = \dfrac{120}{100}y$(명)

따라서 올해의 전체 학생 수는 $\left(\dfrac{90}{100}x + \dfrac{120}{100}y\right)$명이다.

03 ① $-\dfrac{1}{x} = (-1) \div x$이므로

$(-1) \div \left(-\dfrac{1}{2}\right) = (-1) \times (-2) = 2$

② $-x^2 = -\left(-\dfrac{1}{2}\right)^2 = -\dfrac{1}{4}$

③ $-2x = (-2) \times \left(-\dfrac{1}{2}\right) = 1$

④ $x^2 = \left(-\dfrac{1}{2}\right)^2 = \dfrac{1}{4}$

⑤ $\dfrac{1}{x^2} = 1 \div x^2 = 1 \div \dfrac{1}{4} = 1 \times 4 = 4$

따라서 식의 값이 가장 큰 것은 ⑤이다.

04 ㄱ. $(-3) \times x \times x = -3x^2$이므로 단항식이다.

ㄴ. $x \times y \div 5 = \dfrac{xy}{5}$이므로 단항식이다.

ㄷ. $2 \times x - 1 = 2x - 1$이므로 항이 2개인 다항식이다.

ㄹ. $(y+2) \div 5 = \dfrac{y}{5} + \dfrac{2}{5}$이므로 항이 2개인 다항식이다.

따라서 단항식인 것은 ㄱ, ㄴ이다.

05 $\dfrac{x}{2} - \dfrac{y}{3} - \dfrac{3}{4}$에서 x의 계수는 $\dfrac{1}{2}$이므로 $a = \dfrac{1}{2}$이고 상수항은 $-\dfrac{3}{4}$이므로 $b = -\dfrac{3}{4}$

따라서 $a + b = \dfrac{1}{2} + \left(-\dfrac{3}{4}\right) = -\dfrac{1}{4}$

06 ㄴ. 차수가 가장 높은 항은 $5x^3$으로 차수가 3이므로 다항식의 차수는 3이다.

ㄷ. x의 계수는 3이다.

따라서 옳은 것은 ㄱ, ㄹ이다.

07 $2(x+2) - 3(3x-1)$

$= 2x + 4 - 9x + 3$

$= 2x - 9x + 4 + 3$

$= -7x + 7$

08 $\dfrac{x+3y}{4} - \dfrac{2(x-2y)}{3}$

$= \dfrac{3(x+3y) - 8(x-2y)}{12}$

$= \dfrac{3x + 9y - 8x + 16y}{12}$

$= \dfrac{3x - 8x + 9y + 16y}{12}$

$= \dfrac{-5x + 25y}{12}$

$= -\dfrac{5}{12}x + \dfrac{25}{12}y$

따라서 $a = -\dfrac{5}{12}$, $b = \dfrac{25}{12}$이므로

$a \div b = \left(-\dfrac{5}{12}\right) \div \dfrac{25}{12} = \left(-\dfrac{5}{12}\right) \times \dfrac{12}{25} = -\dfrac{1}{5}$

09 ① $-3x - 4 = -3$의 양변에 4를 더하면 $-3x = 1$이다. ⇨ $\square = -3$

② $2x + 3 = 1$의 양변에서 3을 빼면 $2x = -2$이다. ⇨ $\square = -2$

③ $\dfrac{x}{3} = -2$의 양변에 3을 곱하면 $x = -6$이다. ⇨ $\square = -6$

④ $-\dfrac{x}{4} = -1$의 양변에 -4를 곱하면 $x = 4$이다. ⇨ $\square = -4$

⑤ $-5x = 10$의 양변을 -5로 나누면 $x = -2$이다. ⇨ $\square = -5$

따라서 $\square$ 안에 들어갈 수가 가장 큰 것은 ②이다.

10 우변에 있는 모든 항을 좌변으로 정리하여 이항한 식이 (일차식)$=0$의 꼴로 나타내어지는지 확인한다.

ㄱ. $3x - 4x = 0$, $-x = 0$이므로 일차방정식이다.

ㄴ. $2 - 4x = 4$, $-2 - 4x = 0$이므로 일차방정식이다.

ㄷ. $2x + 1 = 2x + x^2$, $-x^2 + 1 = 0$이므로 일차방정식이 아니다.

ㄹ. $5(x-2) = 5x - 10$에서 좌변과 우변이 같으므로 항등식이다.

ㅁ. $1-2x^2=-2x(x+1)$, $2x+1=0$이므로 일차방
정식이다.
따라서 일차방정식인 것은 ㄱ, ㄴ, ㅁ의 3개이다.

11 [ ] 안의 수를 일차방정식에 대입하여 등식이 성립하
는지 확인한다.
① $3\times(-1)-1=-4\neq-1$
② $1-0=1\neq0-2=-2$
③ $5\times1+3=8\neq2\times1=2$
④ $2-4=-2\neq2\times2=4$
⑤ $4-3=1=2\times3-5$

12 ① $2x-1=3$, $2x=4$, $x=2$
② $-2x+4=0$, $-2x=-4$, $x=2$
③ $1-x=-1$, $-x=-2$, $x=2$
④ $4-2x=x+1$, $-3x=-3$, $x=1$
⑤ $x-2=3x-6$, $-2x=-4$, $x=2$
따라서 해가 나머지 넷과 다른 것은 ④이다.

13 $5(x-1)=-2(1-2x)$
$5x-5=-2+4x$
$5x-4x=-2+5$
$x=3$
따라서 $a=-2$, $b=-4$, $c=3$이므로
$a+b+c=(-2)+(-4)+3=-3$

14 $1-0.1x=0.2(x-1)$의 양변에 10을 곱하면
$10-x=2(x-1)$
$10-x=2x-2$
$-x-2x=-2-10$
$-3x=-12$
따라서 $x=4$

15 $3x-1=-x+3$
$3x+x=3+1$
$4x=4$, $x=1$
$x=1$을 대입하여 등식이 성립하는지 확인한다.
① $3(1-1)=0\neq2\times1=2$
② $1-5=-4\neq-2\times1+1=-1$
③ $0.2\times1-0.1=0.1\neq0.3$
④ $\dfrac{1}{2}-\dfrac{1}{3}=\dfrac{1}{6}$
⑤ $\dfrac{1+3}{5}-1=-\dfrac{1}{5}\neq2\times1=2$
따라서 주어진 일차방정식의 해가 같은 것은 ④이다.

16 $\dfrac{8-x}{4}-\dfrac{1}{6}=\dfrac{2}{3}x$의 양변에 12를 곱하면
$3(8-x)-2=4\times2x$
$24-3x-2=8x$
$-3x-8x=-24+2$
$-11x=-22$, $x=2$
두 일차방정식의 해가 서로 같으므로
$3(a-x)+5=2ax$에 $x=2$를 대입하면
$3(a-2)+5=2a\times2$
$3a-6+5=4a$
$3a-4a=6-5$
$-a=1$
따라서 $a=-1$

17 주문한 공책의 수를 x권이라고 하자.
공책 한 권에 1400원이므로 배송비 3000원을 포함하
여 내야 하는 금액은 $(1400x+3000)$원이다.
$1400x+3000=12800$
$1400x=12800-3000$
$1400x=9800$
$x=7$
따라서 공책을 7권 주문하였다.

18 정사각형의 개수를 x개라고 하자.
정사각형이 하나씩 늘어날 때마다 필요한 성냥개비의
개수는 3개이므로 처음 성냥개비 하나를 포함하여 필
요한 성냥개비 개수는 $(3x+1)$개이다.
$3x+1=64$
$3x=63$
$x=21$
따라서 성냥개비 64개로 정사각형 21개를 만들 수 있
다.

19 집에서 학교까지의 거리를 x m라고 하자.
집에서 학교까지 갈 때는 분속 40 m로 걸었으므로 걸
린 시간은 $\dfrac{x}{40}$분이다.
집으로 올 때는 분속 50 m로 걸었으므로 걸린 시간은
$\dfrac{x}{50}$분이다.
총 걸린 시간이 18분이므로 $\dfrac{x}{40}+\dfrac{x}{50}=18$
양변에 200을 곱하면
$5x+4x=3600$

$9x=3600$, $x=400$

따라서 집에서 학교까지의 거리는 400 m이다.

20 학생 수를 x명이라고 하자.

학생에게 3개씩 나누어 주면 4개가 남으므로 초콜릿의 개수는 $(3x+4)$이다.

학생에게 4개씩 나누어 주면 5개가 부족하므로 초콜릿의 개수는 $(4x-5)$이다.

초콜릿의 개수가 같으므로

$3x+4=4x-5$

$3x-4x=-5-4$

$-x=-9$, $x=9$

따라서 학생은 9명이다.

21 처음 수는 십의 자리의 숫자가 a, 일의 자리의 숫자가 4이므로 $10a+4$이다.

십의 자리의 숫자와 일의 자리의 숫자를 바꾸면 십의 자리의 숫자가 4, 일의 자리의 숫자가 a이므로 $40+a$이다.

십의 자리의 숫자와 일의 자리의 숫자를 바꾸었더니 처음 수보다 $3a$만큼 커졌으므로

$(10a+4)+3a=40+a$

$10a+3a-a=40-4$

$12a=36$

따라서 $a=3$

22 한 의자에 4명씩 앉으면 1명이 앉지 못하므로 학생 수는 $(4b+1)$명이다.

한 의자에 5명씩 앉으면 마지막 의자에 3명이 앉고 의자도 하나 남으므로 $(b-2)$개의 의자에 학생들이 5명씩 앉아 있고, 마지막 의자에 3명이 앉아 있다.

이때 학생 수는 $\{5(b-2)+3\}$명이다.

학생 수가 같으므로 $4b+1=5(b-2)+3$

$4b+1=5b-10+3$

$4b-5b=-10+3-1$

$-b=-8$, $b=8$

따라서 의자는 8개이고 학생 수는

$a=4\times8+1=5\times6+3=33$

따라서 $a+b=33+8=41$

23 수직선 위의 세 점의 좌표는 A(-2), B$\left(-\dfrac{1}{2}\right)$, C$\left(\dfrac{5}{2}\right)$이므로

$a=-2$, $b=-\dfrac{1}{2}$, $c=\dfrac{5}{2}$

따라서 $a+b+c=(-2)+\left(-\dfrac{1}{2}\right)+\dfrac{5}{2}=0$

24 좌표평면 위의 두 점의 좌표는 P$(-3, -2)$, Q$(3, 1)$이므로

$a=-3$, $b=-2$, $c=3$, $d=1$

따라서

$a-2b+3c-4d$

$=(-3)-2\times(-2)+3\times3-4\times1$

$=-3+4+9-4=6$

25 점 P와 점 Q는 x축에 대하여 대칭이므로 y좌표는 절댓값이 서로 같고 부호가 다르다.

점 P와 점 Q의 거리가 6이므로 점 P의 y좌표에서 $|b|=3$

점 P가 제4사분면 위의 점이므로 $b=-3$

한편 점 P와 점 R 사이의 거리가 4이므로 $|a|=4$

점 P가 제4사분면 위의 점이므로 $a=4$

따라서 $a-b=4-(-3)=7$

26 선분 AB의 길이가 5이므로 정사각형의 한 변의 길이는 5이다.

이때 원점 O가 정사각형 ABCD의 내부에 있으므로 이를 좌표평면 위에 나타내면 오른쪽 그림과 같다.

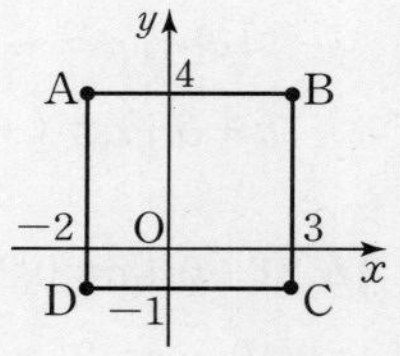

두 점 C, D의 좌표는 각각 $(3, -1)$, $(-2, -1)$이므로

$p=3$, $q=-1$, $r=-2$, $s=-1$

따라서 $p+s=3+(-1)=2$

27 y축에 대하여 대칭인 점은 x좌표는 절댓값이 서로 같고 부호가 반대이며, y좌표는 서로 같다.

따라서 점 $(a+1, 2-b)$와 y축에 대하여 대칭인 점은 $(-(a+1), 2-b)$, 즉 $(-a-1, 2-b)$

28 ① 제4사분면 위의 점이다.

④ 원점에 대하여 대칭인 점은 $(-3, 5)$이다.

⑤ x축에 대하여 대칭인 점은 $(3, 5)$이다.

따라서 옳은 것은 ③이다.

29 동전을 3번 던졌을 때

(ⅰ) 앞면이 세 번 나올 경우

x축의 양의 방향으로 2만큼 세 번 이동하므로 말의 위치는 $(9, 3)$

(ⅱ) 앞면이 두 번, 뒷면이 한 번 나올 경우

x축의 양의 방향으로 2만큼 두 번 이동하고, y축의 음의 방향으로 1만큼 한 번 이동하므로 말의 위치는 $(7, 2)$

(ⅲ) 앞면이 한 번, 뒷면이 두 번 나올 경우

x축의 양의 방향으로 2만큼 한 번 이동하고, y축의 음의 방향으로 1만큼 두 번 이동하므로 말의 위치는 $(5, 1)$

(ⅳ) 뒷면이 세 번 나올 경우

y축의 음의 방향으로 1만큼 세 번 이동하므로 말의 위치는 $(3, 0)$

따라서 말의 위치가 될 수 없는 것은 $(5, 3)$이다.

30 점 $(a-2, a)$가 어느 사분면에도 속하지 않으므로 좌표축 위의 점이다.

따라서 $a-2=0$ 또는 $a=0$이므로 $a=2$ 또는 $a=0$

① $a=0$일 때, 점 $(3, a-2)$는 $(3, -2)$이므로 제4사분면 위의 점이다.

② $a=2$일 때, 점 $(a, -1)$은 $(2, -1)$이므로 제4사분면 위의 점이다.

③ 점 $(a^2-2a, 3)$은 $a=2$일 때 $(0, 3)$, $a=0$일 때 $(0, 3)$이므로 어느 사분면에도 속하지 않는다.

④ $a=2$일 때, 점 $(a-2, a)$는 $(0, 2)$이고 x축에 대하여 대칭인 점은 점 $(0, -2)$이므로 성립하지 않는다.

⑤ $a=0$일 때, 점 $(a-2, a)$는 $(-2, 0)$이고 y축에 대하여 대칭인 점은 점 $(2, 0)$이므로 성립하지 않는다.

따라서 옳은 것은 ③이다.

31 점 $(a-2, 3a+1)$이 x축 위의 점이므로 y좌표가 0이다.

즉, $3a+1=0$, $3a=-1$, $a=-\dfrac{1}{3}$

점 $(b+2, 4-2b)$가 y축 위의 점이므로 x좌표가 0이다.

즉, $b+2=0$, $b=-2$

따라서 점 (a, b)는 $\left(-\dfrac{1}{3}, -2\right)$이므로 제3사분면 위의 점이다.

32 점 $(a, -b)$가 제3사분면 위의 점이므로

$a<0$, $-b<0$ 즉, $a<0$, $b>0$

$a-b<0$이므로 $\dfrac{a-b}{a}>0$이고, $ab<0$

따라서 점 $\left(\dfrac{a-b}{a}, ab\right)$는 제4사분면 위의 점이다.

33 세 점 $A(3, 1)$, $B(-2, 1)$, $C(1, a)$를 좌표평면 위에 나타내면 a의 값에 따라 다음 두 가지 경우가 있다.

(ⅰ) $a>1$인 경우

선분 AB의 길이는 $3-(-2)=5$이고, 높이는 $a-1$이므로 삼각형 ABC의 넓이는

$\dfrac{1}{2}\times 5\times(a-1)=10$

$a-1=4$, $a=5$

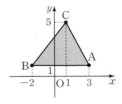

(ⅱ) $a<1$인 경우

선분 AB의 길이는 $3-(-2)=5$이고, 높이는 $1-a$이므로 삼각형 ABC의 넓이는

$\dfrac{1}{2}\times 5\times(1-a)=10$

$1-a=4$, $a=-3$

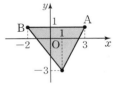

따라서 모든 a의 값의 합은 $5+(-3)=2$

34 점 $P(3, -4)$와 x축에 대하여 대칭인 점은 $Q(3, 4)$이다.

점 $P(3, -4)$와 y축에 대하여 대칭인 점은 $R(-3, -4)$이다.

(선분 PQ의 길이)$=8$,

(선분 PR의 길이)$=6$

따라서 삼각형 PQR의 넓이는

$\dfrac{1}{2}\times 8\times 6=24$

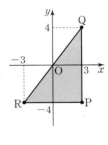

35 (1) 속력이 일정하므로 시간이 지남에 따라 거리는 일정하게 증가한다.

(2) 체육관에 도착하여 일정 시간 동안 거리가 변함이 없다.

(3) 집으로 돌아오는 길에 편의점으로 달려갔으므로 집까지의 거리가 빠르게 줄어든다.

(4) 편의점에서 음료수의 값을 계산하고 음료수를 마시는 동안 거리의 변화가 없고 집까지 천천히 일정한 속력으로 걸어오므로 집까지의 거리가 천천히 줄어든다.

36 ① 희주는 총 800 m를 걸었다.
② 희주는 800 m를 가는 데 40분이 걸렸다.
③ 희주는 출발한 지 20분 후 10분 동안 쉬었다.
④ 희주는 출발한 지 10분이 지났을 때 300 m를 걸었다.
따라서 옳은 것은 ⑤이다.

37 ㄴ. 공이 날아간 시간은 알 수 없다.
ㄷ. 공이 가장 높이 올랐을 때의 높이는 60 m이다.
따라서 옳은 것은 ㄱ, ㄹ이다.

38 1 km 떨어진 집으로 가는데 주성이는 20분이 걸렸고, 예진이는 25분이 걸렸으므로 주성이가 도착한 지 5분 후에 예진이가 집에 도착했다.

39 ㄴ. 3월부터 7월까지 코로나19 확진자 수는 증가하기도 한다.
ㄷ. 7월 이후 코로나19 확진자 수가 400명을 넘지 않았다.
따라서 옳은 것은 ㄱ, ㄹ이다.

40 ① 4개에 x원인 사과 1개의 가격을 y원이라고 하면
$$y=\frac{x}{4}$$
② 전체 x명인 학급에서 4명씩 한 모둠을 만들 때, 모둠의 수를 y개라고 하면 $x=4y$, 즉 $y=\frac{x}{4}$
③ 한 변의 길이가 x cm인 정사각형의 둘레의 길이를 y cm라고 하면 $y=4x$
④ 형의 나이가 x살일 때 4살 어린 동생의 나이를 y살이라고 하면 $y=x-4$
⑤ x km 떨어진 거리를 시속 4 km로 걸어갈 때 걸리는 시간을 y시간이라고 하면 $y=\frac{x}{4}$

41 x의 값이 2배, 3배, 4배, …가 될 때 y의 값도 2배, 3배, 4배, …가 되면 y가 x에 정비례한다. 이때 $y=ax(a\neq0)$ 꼴이다.
① $x+y=1 \Rightarrow y=-x+1$

② $x-2y=0 \Rightarrow y=\frac{1}{2}x$
③ $y=-\frac{3}{x}$은 반비례 관계식이다.
④ $y=-\frac{x}{5} \Rightarrow y=-\frac{1}{5}x$
⑤ $xy=10 \Rightarrow y=\frac{10}{x}$은 반비례 관계식이다.

42 y가 x에 정비례하므로 $y=kx(k\neq0)$ 꼴이다.
$x=-2$일 때 $y=-1$이므로
$-1=-2k$, $k=\frac{1}{2}$
즉, $y=\frac{1}{2}x$이다.
$x=-5$일 때, $y=a$이므로
$a=\frac{1}{2}\times(-5)=-\frac{5}{2}$
$x=b$일 때 $y=2$이므로 $2=\frac{1}{2}b$
$b=4$
$x=9$일 때, $y=c$이므로 $c=\frac{1}{2}\times9=\frac{9}{2}$
따라서 $a+b+c=\left(-\frac{5}{2}\right)+4+\frac{9}{2}=6$

43 정비례 관계 $y=\frac{3}{2}x$의 그래프가 점 $(a, 5-a)$를 지나므로 $5-a=\frac{3}{2}a$
양변에 2를 곱하면
$10-2a=3a$
$-2a-3a=-10$
$-5a=-10$
따라서 $a=2$

44 ㄱ. 10명을 뽑는 시험에 x명이 지원할 때 합격률을 y %라고 하면 $y=\frac{10}{x}\times100$, $y=\frac{1000}{x}$이므로 y가 x에 반비례한다.
ㄴ. x명이 10일 동안 하는 일을 2명이 y일 동안 하면 $x\times10=2\times y$, $y=5x$이므로 y가 x에 정비례한다.
ㄷ. 가격이 x원인 책을 20 % 할인할 때 가격을 y원이라고 하면 $y=\left(1-\frac{20}{100}\right)\times x$, $y=\frac{4}{5}x$이므로 y가 x에 정비례한다.
ㄹ. 넓이가 12 cm인 삼각형의 밑변의 길이가 x cm일 때, 높이를 y cm라고 하면 $\frac{1}{2}xy=12$, $y=\frac{24}{x}$이

므로 y가 x에 반비례한다.
따라서 반비례 하는 것은 ㄱ, ㄹ이다.

45 점 A의 좌표를 $(k, 3)$이라고 하자.
반비례 관계 $y=-\dfrac{12}{x}$의 그래프가 점 A를 지나므로
$3=-\dfrac{12}{k}$, $k=-4$
정비례 관계 $y=ax$의 그래프가 점 A$(-4, 3)$을 지나
므로 $3=-4a$, $a=-\dfrac{3}{4}$

46 점 A의 좌표를 $(k, 4)$라고 하자.
정비례 관계 $y=-\dfrac{2}{3}x$의 그래프가 점 A$(k, 4)$를 지
나므로
$4=-\dfrac{2}{3}k$, $k=-6$
삼각형 AOB에서 선분 AB의 길이는 6, 선분 OB의
길이는 4이다.
따라서 삼각형 AOB의 넓이는
$\dfrac{1}{2}\times6\times4=12$

47 사다리꼴 OABC에서 선분 OA의 길이는 6, 선분 BC
의 길이는 3이고, 높이는 2이므로 사다리꼴 OABC의
넓이는
$\dfrac{1}{2}\times(6+3)\times2=9$
정비례 관계 $y=ax$의 그래프가 점 B를 지날 때 사다
리꼴 OABC의 넓이는 6이므로 $y=ax$의 그래프가 사
다리꼴 OABC의 넓이를 이등분하려면 선분 AB를 지
나야 한다.
정비례 관계 $y=ax$의 그래
프가 사다리꼴 OABC의 넓
이를 이등분할 때 선분 AB
와 만나는 점을 D라고 하면
삼각형 OAD의 넓이는 $\dfrac{9}{2}$이다.
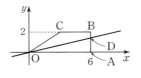
삼각형 OAD에서 선분 OA의 길이는 6이고
높이는 선분 AD이므로
$\dfrac{1}{2}\times6\times(\text{선분 AD의 길이})=\dfrac{9}{2}$
(선분 AD의 길이)$=\dfrac{3}{2}$

따라서 점 D의 좌표는 $\left(6, \dfrac{3}{2}\right)$이고,
정비례 관계 $y=ax$의 그래프가 점 D를 지나므로
$\dfrac{3}{2}=6a$, $a=\dfrac{1}{4}$

48 점 A의 좌표를 $(2, a)$라고 하자.
정비례 관계 $y=4x$의 그래프가 점 A를 지나므로
$a=8$
점 B의 좌표를 $(2, b)$라고 하자.
정비례 관계 $y=x$의 그래프가 점 B를 지나므로 $b=2$
선분 AB의 길이는 6이고 원점 O에서 선분 AB까지
의 거리가 2이다.
따라서 삼각형 AOB의 넓이는
$\dfrac{1}{2}\times6\times2=6$

49 톱니바퀴 A가 x바퀴 회전하는 동안 회전한 톱니는
$20x$개이고, 톱니바퀴 B가 y바퀴 회전하는 동안 회전
한 톱니는 $15y$개이다.
따라서 톱니바퀴 A, B가 서로 맞물려 돌아가서 회전
한 톱니 수가 같으므로
$20x=15y$, $y=\dfrac{4}{3}x$

50 점 P는 1초에 2 cm씩 움직이므로 x초가 지났을 때 선
분 BP의 길이는 $2x$ cm이다.
x초 후에 선분 BP의 길이는 $2x$ cm, 선분 AB의 길이
는 20 cm이므로
삼각형 ABP의 넓이는
$y=\dfrac{1}{2}\times2x\times20$, $y=20x$
$y=80$일 때, $80=20x$
따라서 $x=4$

중/학/기/본/서 베/스/트/셀/러

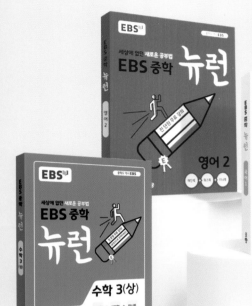

교과서가 달라도,
한 권으로 끝내는
자기 주도 학습서
뉴런

국어 1~3 영어 1~3 수학 1(상)~3(하)

사회 ①, ② 과학 1~3 역사 ①, ②

문제 상황

뉴런으로 해결!

학교마다 다른 교과서 ····→ 어떤 교과서도 통하는
중학 필수 개념 정리

자신 없는 자기 주도 학습 ····→ All-in-One 구성(개념책/실전책/미니북),
무료 강의로 자기 주도 학습 완성

풀이가 꼭 필요한 수학 ····→ 수학 강의는 문항코드가 있어
원하는 문항으로 바로 연결

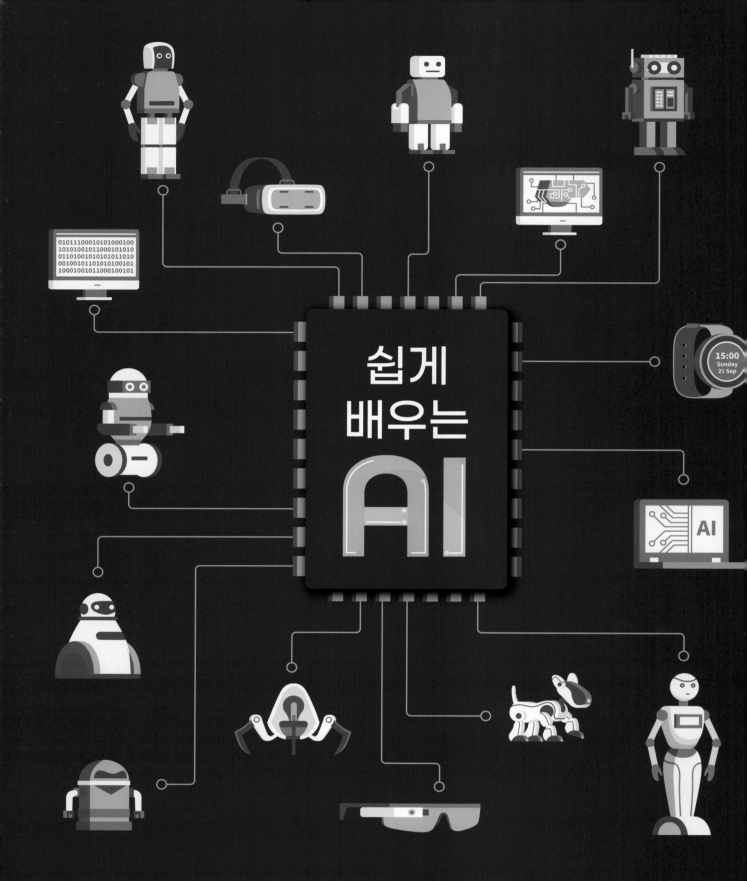

쉽게 배우는 AI

**교육과정과 융합한
쉽게 배우는
인공지능(AI) 입문서**

초등   중학   고교